Gefangen zwischen Eisschollen

Der Naturwissenschaftler Dipl.-Math. Klaus-Dieter Sedlacek, Jahrgang 1948, studierte in Stuttgart neben Mathematik und Informatik auch Physik. Nach fünfundzwanzig Jahren Berufspraxis in der eigenen Firma widmet er sich nun seinen privaten Forschungsvorhaben und veröffentlicht die Ergebnisse in allgemein verständlicher Form. Darüber hinaus ist er der Herausgeber mehrerer Buchreihen unter anderem der Reihen 'Wissenschaftliche Bibliothek' und 'Wissen gemeinverständlich'.

Klaus-Dieter Sedlacek (Hrsg.)

Gefangen zwischen Eisschollen

Mit legendären Beweisfotos

Neubearbeitung vom
Herausgeber

Abenteuer Naturwissenschaft Bd. 3

Bibliografische Information Der Deutschen Bibliothek:
Die Deutsche Bibliothek verzeichnet diese Publikation in der
Deutschen Nationalbibliografie; detaillierte
bibliografische Daten sind im Internet über
http://dnb.ddb.de
abrufbar.

Neubearbeitung

Herstellung und Verlag: BoD – Books on Demand, Norderstedt.
ISBN: 9783753444345

Inhaltsverzeichnis

I. Antarktis

Wo die Erdkarten des ausgehenden 19. Jahrhunderts noch einzelne Inseln, viel „Unerforschtes Gebiet" und einen „Antarktischen Ozean" verzeichnen, steigt jetzt unter langsam fortschreitender, schwerer und gefährlicher Forscherarbeit der sechste Erdteil aus seinem von grimmigen Meeren umbrandeten Packeisgürtel. Dieses südliche Festland ist vermutlich größer als Europa, doch wissen wir das nicht bestimmt, denn heute ist noch nicht alles von seiner auf 20.000—25.000 Kilometer Länge geschätzten Küstenlinie vollständig erkundet. Aufgrund dieser seitherigen Forschungen, die immer wieder ebenso viele Fragen auslösten, als sie unanfechtbare Antworten zu bringen vermochten, ist es ein rundlicher Erdteil, vorwiegend innerhalb des 70. Breitegrades gelegen, mit zwei gewaltigen Einbuchtungen, dem Rossmeer und dem Weddell-Meer, und einer riesigen inneren Hochebene von etwa 500 Kilometer Halbmesser und gegen 3000 Meter Meereshöhe, die sich mit einem Steilabfall zum flacheren Ufersaum abdacht. Die größte seither erkundete Bergkette streicht an der Westküste des Rossmeers entlang und dann in östlich gerichtetem Bogen am Südpol vorbei. Sie zeigt Spitzenerhebungen bis 5000 Meter, ihre bis jetzt festgestellte Länge ist etwa 1800 Kilometer, also gut das Anderthalbfache des Alpenbogens von Nizza bis Wien.

An diesem antarktischen Erdteil hat alles den Zug ins übermenschlich Große, starr Abweisende: Seine Einsamkeit inmitten der unwirtlichen Meere, der breite Gürtel der Packeisfelder, die drohende Stirn seiner riesigen Gletschertore, durch die er die Niederschläge des Innern in der Form

ATLANTISCHER OZEAN
Port Elizabeth
SÜDAFRIKA
Bouvetinsel
Prinz-Edward-Inseln
Südgeorgien und die Südlichen Sandwichinseln
Crozetinsein
SÜDLICHER OZEAN
Falklandinseln
Südliche Orkneyinseln
Kerguelen
Südliche Shetland-inseln
Königin-Maud-Land
Weddell-Meer
Graham-land
Filchner-Ronne-Schelfeis
Amery-Schelfeis
Heard- und McDonald-Inseln
SÜDAMERIKA
Peter-I.-Insel
Südpol
Marie-Byrd-Land
Ross-Schelfeis
Wilkesland
INDISCHER OZEAN
Amundsen-see
SÜDLICHER OZEAN
Ross-meer
Victoria-land
Scott-Insel
Ballany-Inseln
PAZIFISCHER OZEAN
Macquarieinsel
Campbell-Insel
Auckland-Inseln
Adelaide
NEUSEELAND
Snaresinseln
Melbourne
Chatham-Inseln
0 400 800 km
Christchurch
AUSTRALIEN
Wellington
Sydney

von Eisinseln in die See abschiebt, und nicht zuletzt der von der Kälte angesaugte ungeheure Luftberg, der in rasenden Südstürmen küstenwärts hinbraust.

Bei keinem anderen Erdteil liegt der Vergleich mit einer Festung der alten Zeit so nahe. Ihr Wallgraben sind die südlichen Ausläufer des Atlantischen, Indischen und Stillen Ozeans, ihr erstes Außenwerk das Packeis, ihre Ringmauer die Steilküsten und Eisbarren, ihr Hauptturm die innere Hochfläche. Verblüffend ist der Vergleich derselben Breiten der nördlichen und südlichen Halbkugel. Innerhalb des 60. nördlichen Breitengrades, in Skandinavien, Russland, Sibirien, Alaska, Kanada, Grönland und Island, leben mehr als eine Million Menschen und ungezählte Landsäugetiere, in diesem nördlichen Kreise stehen einige der größten und wertvollsten Wälder der Erde. In demselben Gebiet der südlichen Halbkugel wächst kein Baum, hier hausen nicht ein einziger Mensch als Dauerbewohner und kein Landtier. Die einzige Industrie ist der während weniger Sommermonate mit Fliegern, Jagdbooten, Harpunenkanonen und großen schwimmenden Schlachthäusern ausgeübte Walfischfang, der ohne die nun glücklicherweise einsetzende staatliche Regelung diese Gewässer ebenso ausrauben und damit sich selbst vernichten würde, wie eine schöne Art von Pelz-Seehunden zu Anfang des 19. Jahrhunderts durch wüste Schlächterei ausgerottet wurde.

In der Antarktis hat die Natur allein das Wort; sie führt es gewaltig mit dem Brausen ihrer Stürme und dem Donner der kalbenden Gletscher. Den Umfang der von ihnen meerwärts abgeschobenen Eismassen veranschaulicht am besten eine einzige Größenangabe. Die auf 4oo Meter Dicke geschätzte, aus Gletscher- und Meereis bestehende, meist schwimmende Rosseisplatte zwischen dem Rossmeer und der schon erwähnten inneren Bergkette hat ungefähr die Größe Frankreichs. Sie schiebt sich jährlich um etwa 800 Meter meerwärts vor und kalbt Eisinseln bis zu 50 Kilometer Länge.

II. Die ersten Menschen auf antarktischen Festland

Cook und Bellingshausen umsegeln die Antarktis / Ross durchbricht das Packeis, er findet das offene Rossmeer und die große Eisbarriere / Erkundungen zum Zweck des Walfischfangs / die deutsche Orygalski-Expedition.

Kein Wunder, dass sich der menschliche Forscherdrang diesen unberechenbaren und darum unheimlichen Naturgewalten so lange fernhielt. Erst der Kompass rückte ja das Befahren der offenen Meere überhaupt in den Bereich der Möglichkeit. Der Schiffbau und die Seemannskunst mussten sich vorher in den milderen Gewässern der Erde ausbilden, ehe sich der erste Kapitän in die Breitengrade südlich des Kaps der Guten Hoffnung vorwagte, für welche die englische Seemannssprache später den treffenden Namen „Die brüllenden Vierziger" (Roaring Forties) schuf. Nach den für unsere Kenntnis der südlichen Halbkugel grundlegenden Fahrten der großen portugiesischen, spanischen und italienischen Seehelden des 15. und 16. Jahrhunderts und der von ihnen nachgewiesenen Zuspitzung von Afrika und Südamerika bekamen die Geografen Angst für das Gleichgewicht der Erde und legten als Gegengewicht gegen die großen nördlichen Landmassen eine riesige „Terra Australis Incognita" (Unbekanntes Südland) um den Südpol. Im Jahre 1578 stieß der englische Kapitän Francis Drake bis zum 57. Grad südlicher Breite vor und bewies, dass das Feuerland nur eine große Inselgruppe, nicht aber ein Teil des ungeheuren antarktischen Festlandes sei. Die Franzosen Bouvet, Merion-Dufresne und Kerguelen-Tremarec entdeckten dann die nach ihnen benannten Inseln und Inselgruppen, aber erst mit James Cook, einem der kühnsten und tüchtigsten Männer, den die Geschichte der Seefahrt kennt, beginnt die Reihe der antarktischen Forscher im eigentlichen Sinn. Die britische Admiralität gab ihm den ebenso seltsamen wie umfassenden Auftrag, „das große südliche Festland zu entdecken oder zu beweisen, dass keines da sei". Als armer Kätnerjunge hatte Cook von der Pike auf gedient und in harter Schule sein Seemannshandwerk erlernt. Seine sauer verdienten Spargroschen verwendete er auf Lehrstunden in der höheren Schifffahrtskunde. Bei einer späteren Verwendung bildete er sich zum Meister in der Aufnahme von Küstenkarten aus. Erst mit 40 Jahren wurde er Leutnant, bekam dann aber selbstständige Aufträge, die sich für sein Vaterland durch die Kenntnis des Stillen Ozeans lohnten. So war Cook ein wohlerfahrener und wohlerprobter Seemann, als er am 13. Juli 1772 mit den Schiffen „Resolution" und „Adventure" dem unbekannten Süden zufuhr. Beide Fahrzeuge waren besonders stark gebaut und hatten die richtige Größe von 400 Tonnen, die für die eigentliche Eisschifffahrt bis zum heutigen Tag nicht gerne wesentlich überschritten wird. Sie fuhren über Kapstadt und sichteten am 10. Dezember schon unter 50° 40' eine richtige Eisinsel. Es war ein Vorgeschmack von dem, was diese Weltgegend zu bieten hatte. Der 17. Januar 1773 wurde zum großen Tag der antarktischen Forschung durch die erstmalige Überschreitung des südlichen Polarkreises (66° 23'). Bald sperrte zusammenhängendes Packeis weiteres Vordringen in südlicher Richtung. Mit Überwinterung in Neuseeland, wo ihn die „Adventure" unter Kapitän Tobias Furneau verließ, hielt sich Cook über ein Jahr in diesen gefahrvollen Gewässern auf und führte eine richtige südliche Erdumseglung durch. Er stellte fest, dass zwischen Neuseeland und Feuerland keine Landverbindung bestehe, und zerstörte die Sage von einem bewohnbaren südlichen Erdteil. Am 30. Januar 1774 erreichte er mit 71° 10', die höchste südliche Breite, die in diesem pazifischen Abschnitt der Antarktis jemals erreicht wurde. Die Fahrt war so hart und gefährlich gewesen, dass Cook annahm, das große antarktische Festland werde, sofern es vorhanden sei, wohl für alle Zeiten unentdeckt bleiben. Ihm selbst verwehrte der Packeisgürtel den Blick auf die Festlandküste. Er entdeckte die Süd-Sandwichinseln und Südgeorgien, dessen Haupthafen Grytviken der spätere Ausgangspunkt vieler Vorstöße in die Antarktis wurde. Mit echt englischer Zurückhaltung gegenüber dem nicht bestimmt Nachzuweisenden fasste er seine Erkundungen in dem Satz zusammen: „Wenn jemand den Willen und die Ausdauer besitzen sollte, diese Frage dadurch aufzuklären, dass er weiter vordringt, als ich's getan habe, werde ich ihm die Ehre der Entdeckung nicht neiden, aber so viel wage ich zu sagen, dass die Welt davon keinen Nutzen haben wird." So sprach der Mann, der auf seiner großen Fahrt nach der Antarktis und um deren Eisfesten herum fast die Entfernung von drei Äquatorlängen zurücklegte. Cook war aber nicht nur ein großer Seemann, sondern auch ein großer Hygieniker. Ihm gelang es zuerst, den Skorbut (Mundfäule), die Geißel der langen Seefahrt, durch kluge Ernährung seiner Mannschaft fernzuhalten. Auf dieser großenteils sehr anstrengenden Reise von 1000 Tagen verlor er von einer Besatzung von 118 Mann nur einen einzigen.

Durch seinen Bericht von dem unglaublichen Reichtum dieser südlichen Meere an wertvollen Seetieren und durch die Entdeckung günstiger Standorte für deren Jäger brachte er den Walfischfang und die Robbenschlägerei in den Südmeeren in Gang, die sich bald zu einer ungemein lohnenden Industrie entwickelten. Diese Walfisch- und Robbenfänger, deren Namen nur zum geringeren Teil verzeichnet sind, erweiterten und vertieften die antarktische Wissenschaft beträchtlich. Auf der Suche nach ihrem Wild, das sich den Nachstellungen immer weiter südwärts entzog, drangen sie bis ins Packeis vor und bildeten sich zu Fachleuten in der Bezwingung eines Hindernisses aus, das unter dem Schub der furchtbaren Stürme wie eine Mausefalle zuschnappen und die Schiffe in seinem Schollengewirr zermalmen und zerquetschen konnte. Diese unerschrockenen Freibeuter der Südmeere stellten den späteren Forschern Kapitäne und Mannschaften, mit deren Hilfe sie endlich bis zur Küste des südlichen Festlandes vorzudringen vermochten.

Trotzdem dauerte es fast 50 Jahre, bis der große Cook einen ihm einigermaßen ebenbürtigen Nachfolger fand. Alexander I. von Russland schickte im Jahre 1819 den baltischen Seekapitän Fabian von Bellingshausen mit den Schiffen „Wostok" und „Mirni" von je 500 Tonnen aus mit dem ausdrücklichen Auftrag, Cooks Entdeckungsfahrt fortzusetzen und insbesondere an den Stellen südwärts vorzustoßen, wo dieser hatte nordwärts abbiegen müssen. Dies war leichter gesagt als getan. Immerhin sichtete Bellingshausen als Erster unzweifelhaftes Land innerhalb des Polarkreises. Es war eine kleine Insel, die er Peter I. Insel nannte. Eine Woche später glaubte er in einer Entfernung von 70 km ein größeres Land zu sehen, das er mit dem Namen seines Kaisers belegte. Beide Entdeckungen liegen in der Nähe des Polarkreises gegen Südamerika zu.

Von der berühmten Londoner Tranfirma Enderby ermutigt, drang der Kapitän James Weddell im Jahre 1823 in der nach ihm benannten tief einschneidenden Bucht bis auf 74° 15' vor, während John Biscoe bald darauf das weit nach Norden vorspringende Enderby-Land entdeckte. Damit war erstmals das afrikanische Viertel des Südpolarkreises in Angriff genommen. Der Sturm auf den australischen Quadranten folgte wenige Jahre später durch den großen französischen Seemann Dumont d'Urville und dann

Abb. 1: Sir James Clark Ross, von John R. Wildman, 1833–34, National Maritime Museum, London

durch den Amerikaner Charles Wilkes. Beide sahen in der Gegend des heutigen Adelie-, Kemp- und Wilkes-Landes an verschiedenen Stellen Felsküste. Da der weitaus größte Teil der antarktischen Flachküste eiffelturmhoch mit Eis bedeckt ist und die Sicht sehr häufig durch Wolken und Nebel behindert oder durch die unter der Bezeichnung „Mirage" bekannte Fata Morgana der Polarländer irregeleitet wird, bietet die Festlegung der Küstenlinie vom Schiff aus unglaubliche Schwierigkeiten. Immer wieder wurden „Länder" entdeckt, wo das Senkblei eines später Kommenden auf tausend Faden keinen Grund finden konnte.

Der Engländer James Clark Ross war es, der durch die Entdeckung des Rossmeers seinen Nachfolgern die Pforte zum Südpol aufstieß. Wie so mancher Seemann dieser harten Zeit war er schon mit 12 Jahren in die Marine eingetreten. Er hatte dann 8 Jahre lang unter Eduard Parry im höchsten Norden den Kampf mit Eis, Sturm und Kälte kennengelernt und 1829 mit seinem Onkel John Ross den magnetischen Nordpol erreicht. Zehn Jahre später wurde dem nun zum Seekapitän aufgerückten Neffen der Oberbefehl über die beiden besonders starken Segelschiffe „Erebus" und „Terror" von 370 und 340 Tonnen zu antarktischer Forschung übertragen. Den „Terror" befehligte der tüchtige Kapitän F. R. M. Crozier. Ein junger Wundarzt I. D. Hooker trat er die Dienste der Kriegsmarine, nur um an dieser Fahrt teilnehmen zu können. Er sollte noch die Vollendung des damals Begonnenen durch Scott und Shackleton bis zum Jahre 1910 miterleben.

Die Schiffe erreichten nach allerlei Fährlichkeiten im Mai 1840 die Kerguelen und nahmen dort 2 Monate lang magnetische Beobachtungen vor. Nach furchtbaren Stürmen kamen sie nach Hobart auf der Insel Tasmanien, deren damaliger Gouverneur Sir John Franklin nur wenige Jahre später den unheimlichen Namen Erebus und Terror im nordpolaren Forschungsgebiet zu trauriger Berühmtheit verhelfen sollte. Am Neujahrsfest 1841 segelten Ross und Crozier über den Polarkreis. Es war die günstige Zeit des antarktischen Hochsommers, und so wagten sie, auf ihre Seemannskunst vertrauend, den Kampf mit dem gelockerten Packeis, ein Versuch, den vor ihnen noch keiner unternommen hatte. Sie fanden offene Stellen und verbindende Kanäle und gelangten nach fünftägiger, nicht allzu harter Arbeit zu ihrem höchsten Staunen in offenes Wasser. Sollte dies das fürchterliche Packeis gewesen sein, vor dem alle ihre Vorgänger kehrtgemacht hatten? In der Richtung des magnetischen Pols weiter segelnd, sahen sie eine hohe Bergkette, die sich genau nach Süden hinzog. Ross nannte ein gewaltig ausladendes Vorgebirge Kap Adare. Da ihm die Steilküste und die ihr vorgelagerte Eisdecke eine Landung verwehrten, nahm er auf der kleinen Possession-Insel förmlichen Besitz von diesem neu entdeckten Festland und gab ihm nach seiner Königin den Namen Süd-Victoria-Land. Wie in einem Märchen fühlten sich die Seefahrer, als ihnen ihr südlicher Kurs eine Herrlichkeit nach der andern auftat. Am 28. Januar sichteten sie einen 4000 Meter hohen rauchenden Vulkan, dem Ross den hierfür trefflich passenden Namen seines Schiffes gab. Den Gipfel daneben nannte er nach dem Schwesterschiff. Das lodernde Feuer aus dem glühenden Erdinnern war ein wunderbarer Anblick in dieser starr-weißen Polarlandschaft. Ihre Hoffnungen schweiften schon bis zum Südpol, aber plötzlich sperrte ihnen eine gegen 100 Meter hohe lückenlos starrende Eismauer den Weg. Die Bergkette zur Rechten, der Eiswall vor ihnen — war dies das Ende ihrer Pläne? Ross schreibt: „Es war ebenso unmöglich, durch diese Eismauer vorzudringen wie durch die Klippen bei Dover." Der Vergleich dieses großartigen Naturwunders mit den stolzen heimatlichen Kreidefelsen ist ausgezeichnet. Aber sie wollten südwärts und folgten daher der großen Barre in einem achtungsvollen Abstand von 7 bis 9 Kilometern, um eine Lücke zu finden. Umsonst — die Mauer blieb 60 bis 90 Meter hoch. Fast 500 Kilometer fuhren sie in östlicher Richtung an ihr entlang und drangen dabei bis 78° 4' gegen Süden vor. Aber nun sahen sie auch den Weg gegen Osten durch eine Barre versperrt. Sie mussten zurück und kamen wohlbehalten nach Hobart, nachdem sie die aufschlussreichste Fahrt in die Antarktis vollendet hatten.

Der Gedanke an den Südpol hatte sich bei Ross festgesetzt. Im November desselben Jahres wagte er einen neuen Vorstoß. Er wollte noch weiter gegen Osten ausgreifen, vielleicht war dort das ersehnte offene Wasser. Dieses Mal zeigte ihnen die Antarktis die grollende Stirn schon im Packeisgürtel. Von undurchdringlichen Nebelmassen eingeschlossen, mussten sie jeden Augenblick auf einen zermalmenden Zusammenstoß mit schwimmenden Eisbergen gefasst sein. Um nicht getrennt zu werden, verankerten sie die beiden Schiffe an einer mächtigen Eisscholle. Ein heftiger Südwind schlug in einen nordwestlichen Sturm um, die Trossen rissen, und beide Schiffe wurden wehrlos in das dichte Treibeis hineingejagt. Die Wände krachten unter dem Anprall der Eismassen, die Masten zitterten und drohten, über Bord zu gehen. Auf beiden Schiffen wurden die Steuerruder zertrümmert; 28 Stunden lang währte der Kampf gegen den scheinbar sicheren Untergang, ohne dass die Disziplin und Geistesgegenwart dieser Helden Not gelitten hätte. Ein Stoß folgte dem andern, und jeder konnte der Todesstoß sein. Aber die Holzwände hielten stand, der Sturm ließ nach, die Zimmerleute flickten die Steuerruder wieder zusammen, und der Kurs wurde erneut südöstlich gesetzt. Durch das schon bekannte offene Rossmeer drangen sie wieder bis zur großen Eisbarre vor und erreichten sogar 78° 10', die höchste südliche Breite für die nächsten 60 Jahre. Die Eismauer war hier nur etwa 25 bis 30 Meter hoch, und von den Mastspitzen schweifte der Blick über die unendliche glatte Fläche der Ross-Platte südwärts, polwärts. An dieser Stelle entdeckte Scott 60 Jahre später das Eduard VII.-Land. In den Aufzeichnungen seines Vorgängers Ross steht nur: „Der Eisrand stieg gegen Süden sachte und gleichmäßig an, und wir glaubten, die Andeutung von sehr hohen, vollständig schneebedeckten Gebirgsmassen zu erkennen. Aber diese Andeutungen von Land sind auf große Entfernungen so unsicher, dass ich keine bindende Behauptung aufstellen möchte." Der verantwortungsbewusste Beobachter spricht dann von Felsenriffen und Schatten werfenden Erhöhungen, die er und seine Begleiter zu sehen glaubten. Da sie aber nirgends nackte Erde oder Felsgrund erblickten, wagte er keine Feststellung. Ein Beispiel von Zurückhaltung im Urteil, das in der Polarforschung nicht immer nachgeahmt wurde. Auf dem Rückweg zum Kap Horn stießen die beiden Schiffe beim Ausweichen vor ei-

18

nem Eisberg so heftig zusammen, dass alle zu Boden stürzten und Bugspriet und Fockmaststange des Erebus weggerissen wurden. Ihr Takelwerk verwickelte sich, und beide trieben schon in die Brandung des himmelhohen Eisbergs hinein, als sie endlich voneinander loskamen. Durch das verzweifelte Manöver des Rückwärtsfahrens kamen sie dann wie durch ein Wunder auch von dem Eisberg frei und konnten später auf den Falklandinseln einen Nothafen anlaufen. Ein dritter Vorstoß im antarktischen Sommer 1842/43 in der Gegend von Joinville-Land nach der Weddell-See zu beendigte die südpolare Tätigkeit des großen Entdeckers. Im September 1843 kamen beide Schiffe wieder nach England, dessen Königin den erprobten Anführer mit der Ritterwürde belohnte. Sir Clarke Ross hatte ein Südmeer entdeckt und 1300 km Küstenlinie eines neuen Erdteils in großen Zügen aufgenommen.

Zum Schluss des ersten Abschnitts der Südpolarforschung verdient die Leistung dieser Seeleute ins rechte Licht gerückt zu werden. Mit ihren Segelschiffen wagten sich diese Helden in damals völlig unbekannte, von rasenden Stürmen gepeitschte Gewässer, die heute noch trotz Dampfkraft, Dieselmotoren, Funkwesen, Wetterdienst und Seekarten die Tüchtigkeit der erprobtesten Fachleute auf eine harte Probe stellen. Die Namen Cook, Bellingshausen, Ross und die der andern Kapitäne stehen hier für jeden Mann, den sie an Bord hatten. Wenn wir heute das Gefühl haben, dass schon die Umseglung des Kap Horn allzu hohe Ansprüche an die Kraft und Ausdauer der Schiffsmannschaften stellt, finden wir kein Wort der Bewunderung, das der eisenharten Zähigkeit dieser Segelschiffsmatrosen gerecht würde, die im markerstarrenden Südsturm des Polarkreises ohne Murren ihren Dienst auf den Rahen taten. Diese Namenlosen haben sich ein Denkmal im Ehrenhof der Forschungsgeschichte redlich verdient.

Nach diesem Höhepunkt der frühen südpolaren Forschung, der sich an den Namen Ross knüpft, stoßen wir auf eine Lücke von 30 Jahren. Das große Unglück der Franklinexpedition und die harten Schicksale der zu ihrer Rettung Ausgesandten zogen den Blick der großen Völker dem Nordpol zu. Erst im Jahre 1874 drang das erste Dampfschiff über den Südpolarkreis vor. Es war die „Challenger"-Forschungsreise unter George Strong Nares, eine vorzüglich ausgerüstete wissenschaftliche Unternehmung, die besonders mit dem Lot und dem Schleppnetz gute Arbeit leistete, ohne sonderlich weit nach Süden vorzudringen. An den Beginn dieses neuen Abschnitts ist auch der Name des großen deutschen Physikers und Meeresforschers Georg von Neumayer zu setzen, der nach langen Reisen als Leiter der Deutschen Seewarte in Hamburg unermüdlich auf die Notwendigkeit einer besseren Erkenntnis der südpolaren Gebiete hingewiesen hat. Er und die gleichstrebenden Engländer Sir John Murray und Sir Clements Markham haben diesem lange vernachlässigten Teil der Forschung neues Leben eingehaucht. Ein großer Teil der Erkundungsarbeit des ausgehenden 19. und beginnenden 20. Jahrhunderts ist auf ihre Anregungen zurückzuführen.

Kapitän Kristensen und Carsten Borchgrevink waren die ersten Menschen, die ihren Fuß auf antarktisches Festland setzten. Es geschah dies im Jahre 1895 auf Kap Adare bei einer Fahrt auf Walfische. Vier Jahre später überwinterte eine von Borchgrevink geführte englische Expedition an derselben Stelle. Es war das erste Mal, dass der forschende Mensch die Kühnheit ausbrachte, der fürchterlichen Kälte und den mörderischen Blizzards des antarkti-

20

schen Winters auf dem starren Felsboden des ungastlichen Landes zu trotzen. Borchgrevink gelang auch zuerst die Besteigung der großen Ross-Eisplatte, die seit ihrer Entdeckung für unzugänglich gehalten wurde. Er fand sie 50 km weiter südlich, als sie sein Vorgänger Ross vor 60 Jahren verzeichnet hatte.

Deutschland betrat den Schauplatz der antarktischen Forschung erstmals im Jahre 1901 mit der aus Staatsmitteln wohlvorbereiteten Drygalski-Expedition. Die Howald-Werke in Kiel hatten zu diesem Zweck einen besonders starken Dreimastschoner mit einer kleinen Hilfsmaschine gebaut, der nach dem großen deutschen Mathematiker und Physiker „Gauß" getauft wurde. Der Geograf Erich von Drygalski war zum Anführer ernannt worden, 5 Schiffsoffiziere, 5 Gelehrte bildeten seinen Stab. Über Kapstadt und die Crozetinseln segelten sie zu den Kerguelen, wo sie um die Jahreswende, also im antarktischen Hochsommer eintrafen. Nach vierwöchigem Aufenthalt und Anbordnahme von Kohle, Holz und 40 Kamtschatkahunden ging es in südwestlicher Richtung auf das Festland der Antarktis zu. Mitte Februar 1902 kamen sie ins Packeis, dem sie bald mit Maschinenkraft zu Leibe gehen mussten. Nahe dem 90. Längengrad angesichts eines Neulandes, das sie nach Kaiser Wilhelm II. benannten, wurden sie vom Eis umklammert.

Unterstände zur wissenschaftlichen Beobachtung und Hundeställe erstanden auf der nächsten Scholle, aber die Heimat blieb das Schiff, das gegen Eisdruck und Kälte gleich gut gebaut war. Einer der gelehrten Fahrtteilnehmer, Dr. F. Bidlingmaier, gibt uns in seinem Buch „Zu den Wundern des Südpols" ein hübsches Stimmungsbild des Winterlebens auf dem „Gauß":

„*Sonntag war Bierabend, Mittwoch Vortragsabend, aber der Samstagabend war der schönste. Da saßen wir bei einem Glas Grog und vereinigten uns zu Spiel oder Unterhaltung. Vereine schossen wie Pilze aus der Erde. Der Skatklub 'Eintracht' wetteiferte mit dem Skatklub 'Blanke Zehn' in feinem Spiel; der 'Knösel-Verein' hielt in der Kabine nebenan eine Generalversammlung ab, während die feinen Herren des 'Gentlemen-Rauchklubs' grundsätzlich nur Zigarren rauchten, so sie dieselben nicht in ihrem Skatverein verspielt hatten. Die Zigarren waren unser Geld an Bord — 80 Points im Skat gaben erst eine Zigarre. Von vorn aus der Mannschaftsstube an Backbord klingt ein Silcherquartett vom schönen Schwabenland herüber, etwas antarktisch rau, aber dennoch das Herz erfreuend. Auf Steuerbord in der Matrosenmesse tönt's um so fürchterlicher. Eine verstimmte Ziehharmonika, von einer Flöte, einer Triangel und zwei Blechdeckeln markerschütternd begleitet, geben zusammen ein dröhnendes Orchester. In dickem Tabaksqualm sitzen die Matrosen herum, erzählen ihre Abenteuer und spielen Karten oder Schach.*"

Ist das nicht eine mollig-winterliche deutsche Kleinstadt in die Holzplanken eines guten Schiffes verpackt? Diese deutschen Forscher haben auf ihrem im ganzen glückhaften Zug die wichtige Entdeckung gemacht, dass in der endlosen Polarnacht nicht nur der menschliche Körper mit Gemüsen, Obst und Frischfleisch vor dem Skorbut, sondern

auch die menschliche Seele durch herzstärkende Gemüt-
lichkeit vor Niederbruch und Irrewerden behütet werden
muss. Diese Kunst der polaren Heiterkeit, in der die Norweger, diese unentwegten Festefeierer in Schnee und Eis,
von jeher Meister waren, wurde von allen folgenden Süd-
polforschern mit Liebe gepflegt. Außerhalb des Schiffs
oder der Hütte lauert im Schneesturm in jeder Minute der
Weiße Tod, darum muss es innerhalb behaglich sein, wenn
das Übermenschliche monatelang geleistet werden soll.
Hören wir denselben Verfasser noch einmal:

*„Kommt mit heraus aus den molligen Räu-
men des Schiffs, wenn es in den Masten
ächzt und draußen der Sturm rast! Ein brül-
lendes, wirbelndes, tosendes, undurchsich-
tiges weißes Chaos umpeitscht uns und
droht uns wegzufegen, wenn wir uns nicht
am Boden dagegen anstemmen, wenn wir
nicht den Körper ganz in den Wind hineinle-
gen. Schon in einer Entfernung von 10 Metern kann bei helllichtem Tag das große
Schiff mit seiner hochragenden Takelage
spurlos verschwunden sein. Krampfhaft
halten wir uns an der Leine fest, die den
Pfad der Pflicht, den Weg zu irgendeinem
der Observatorien markiert. Du hast buchstäblich dein Leben in der Hand — denn
ohne Leine findest du dich schwerlich mehr
an Bord zurück.“*

Wer in einem solchen Blizzard den Pfad verliert, der ist
verloren, denn das Suchen ist eine Unmöglichkeit, Lichtsi-
gnale sind erfolglos, und das rasende Sturmgeheul verschlingt jeden Laut. Diese Stürme, die auch in der soge-

Abb. 2: Tagesration für einen Mann der Polarabteilung: Pemmikan, Schiffszwieback, Butter, Kakao, Zucker und Tee.

nannten schönen Jahreszeit mit heimtückischer Geschwindigkeit losbrechen können, sind das eigentliche Kennzeichen der Antarktis, wo die europäische Wetterregel „Gestrenge Herren regieren nicht lang" keine Geltung hat. Mancher ist ihnen nicht dadurch zum Opfer gefallen, dass er sich verirrte, sondern dass er so lange im schützenden Zelt zu untätigem Warten gebannt wurde, bis Mundvorrat und Lebenskraft zu Ende waren.

Der menschliche Körper braucht sehr viel in dieser zehrenden Kälte, die bis 60° gehen kann. Eine spätere englische Proviantberechnung fürs Winterquartier gibt einen Tagesverbrauch von $3^3/_4$ Pfund auf den Kopf an, wobei es sich durchweg um hochwertige Nahrungsmittel wie Fleisch, Speck, Trockengemüse, eingemachte Früchte, Eier, Butter, Fett, Kakao, Schokolade, Trockenmilch, Mehl und Rosinen handelt. Wenn dies einen Küchenzettel fürs Ruhequartier darstellt, lässt sich denken, was der Körper eines Menschen verlangt, der seinen Schlitten durch Kälte und Wind über

24

raue Oberfläche mit starker Steigung zieht. Das konzentrierte Nahrungsmittel auf Schlittenreisen ist der Pemmikan, eine Mischung von getrocknetem, fein zerkleinertem Fleisch und bestem Fett, aus der sich eine herrliche Suppe bereiten lässt. Die größte Schwierigkeit ist immer das Auftauen des eiskalten Schnees, das eine riesige Menge von Heizstoff beansprucht. Dabei ist ein brennender Durst die bekannte Folge großer Kälte.

Durch 90 Kilometer Packeis, das heißt durch ein Hindernisfeld von 90 Kilometern mehr oder weniger aufeinander getürmter Meereisschollen von 1 bis 2 Meter Stärke war der „Gauß" von der Küste getrennt. Ein Fesselballonaufstieg auf 500 Meter Höhe zeigte Drygalski und seinen Mannen ihr nächstes Ziel. In weiter Ferne hinter dem toten, weißen Meer der Eisdecke erhob sich als feste Marke ein schön geformter schwarzer Vulkankegel, der „Gaußberg". Schon im antarktischen Vorfrühling, also Mitte September, musste der Marsch dorthin gewagt werden, da bei späterem Aufbruch für die Landexpedition die Gefahr des Nichtwiederfindens ihres Schiffes drohte. Wohl saß dieses zu seinem großen Glück inmitten gestrandeter, bodenständiger Eisberge und war so vor der Pressung der Packeisfläche einigermaßen geschützt, aber unter der Wirkung der Sommersonne musste diese ganze Eislandschaft ins Treiben kommen, und den zurückkehrenden Landfahrern hätte sich dann mit einem Blick in die leere Weite die Aussicht auf einen qualvoll langsamen Tod aufgetan.

Mit 28 Hunden vor 4 schmalen, langen Schlitten geht es südwärts über sturmzerfurchte Schneewehen. Die Hunde sind eifrige Zugtiere, aber sie rennen blindlings geradeaus, mag aus dem Schlitten werden, was da will. Natürlich fällt dieser in den nächsten Eisgraben und muss von seinem hart geschundenen Lenker wieder aufgerichtet werden. Die

Hunde bleiben solange stehen mit einem Ausdruck überlegener Wurstigkeit um die Schnauze. Sie überlassen es auch diesem komischen Menschen, den schweren Schlitten anzuschieben und ziehen erst wieder, wenn sie merken, dass es von hinten vorwärtsgegangen ist. Die Geschichte ist soweit ganz lustig, aber wenn das Leben von den zurückgelegten Kilometern abhängt, gewinnt sie ein anderes Gesicht. Das Fahren mit Hunden ist eine Kunst, die augenscheinlich nicht von jedem erlernt wird, und die Norweger verdanken ihre großen Erfolge in der Polarforschung nicht zuletzt ihrem Verständnis der Hundeseele und ihrer darauf gegründeten Meisterschaft in der Schlittenfahrt über lange Strecken.

Die deutschen Gelehrten und ihre Begleiter schlagen sich schlecht und recht durch die Eiswüste. Schon sind die abendlichen Stunden der Ruhe, wenn im geschlossenen Zelt der Primusbrenner[1], dieser schon von Nansen gerühmte beste Freund aller Polarfahrer, den Schnee zum Schmelzen bringt und der hungrige Mansch mit Auge und Nase wahrnimmt, dass die Mut- und Kraftsuppe ans Reis und Pemmikan heiß — man denke wirklich „heiß" — wird. Wie diese Köstlichkeit dann in den kalten Leib hinuntergleitet und ihn bis in die großen Zehen mit wohliger Wärme erfüllt, diese Seligkeit nach der langen Rackerarbeit des Tages kennt nur der polare Hundekutscher in ihrer ganzen Fülle. Der warme und satte Mansch kriecht dann so schnell wie möglich in seinen pelzgefütterten Schlafsack, den er sich über dem Kopf zuknöpft. Nur ein kleines Loch bleibt für das Einziehen der unentbehrlichsten Luftmenge übrig. Ein Mailüfterl von 20 bis 30 Grad Kälte pustet auf die Zelt-

---

1 Der „Primus" ist ein feuersicherer Kochapparat, in welchem das Petroleum durch vorherige Vergasung besonders gut ausgenützt wird. Während in einem inneren Gefäß die Mahlzeit zum Kochen kommt, schmilzt Eis oder Schnee in einem äußeren Ringgefäß, so dass gleichzeitig das nötige Trinkwasser für den Polardurst erzeugt wird.

26

bahnen, und im Lauf der Nacht wird's auch im Schlafsack deutlich kühl. Man träumt oft schwer und bang, und der Aufbruch am frühen Morgen wird meist nicht als Unannehmlichkeit empfunden. Schrecklich ist die Warterei in Kälte und Unsicherheit, wenn der Schneesturm nicht enden will. In der Antarktis sind auch im Frühling und Sommer der Tage nicht wenige, an denen der Aufenthalt im Freien den Tod bedeutet. Das mutige Verstehen solcher Wartezeiten ist etwa dem Ausharren im Trommelfeuer gleichzuachten und für den Menschen viel schwerer als der Kampf mit der Gefahr in raschem Ansturm.

Staunend stehen die Forscher endlich am Fuß des 360 Meter hohen Vulkankegels, der seinem großen Bruder bei Neapel nicht wenig gleicht. Ein ganz eigenes Gefühl ist es, wieder einmal nicht anzuzweifelnden festen Boden unter den Füßen zu haben. Der Blick vom Gipfel gibt ihnen Aufschluss über den gewaltigen Haushalt der antarktischen Natur. Die Niederschläge, die nur als Schnee oder Raureif herunterkommen, können nicht in Bächen und Strömen abfließen wie in wärmeren Breiten, sie türmen sich seit Jahrtausenden über diesem Erdteil auf und verdichten durch ihren Druck die untern Schichten zu klarem Eis. Wenn eine gewisse Mächtigkeit erreicht ist, muss sich diese Eismasse einen Weg suchen. Vom hohen Innern drängt sie nach dem Ufersaum und von diesem ins Meer. So entsendet dieser sechste Erdteil fortwährend seine etwa 400 Meter starken Eisströme nach allen Seiten ins Meer hinaus so weit, bis der äußere Rand vom Auftrieb des Wassers hochgedrückt wird und abbricht. Dann „kalbt" der Gletscher mit Donnergetöse, und eine neue Eisinsel, von deren Dicke sich etwa ein Achtel mit 50 Metern über den Wasserspiegel erhebt, schwimmt den, warmen Norden zu als neue Gefahr für die

Seefahrt. Der Gaußberg stand wie ein Wellenbrecher in dieser unendlichen, langsam vordringenden Eisflut.

In vierzehntägiger, schöner, rascher Arbeit wurden von den Gelehrten die möglichen Aufnahmen gemacht. Strömungsgeschwindigkeit des Eises, Küstenfauna, Windstärken, geologische Beschaffenheit des Gaußbergs, Vermessung und anderes boten reiche Arbeitsgelegenheit. Dann ging es wieder dem guten „Gauß" zu, dessen Mastspitzen ihnen nach harten Sturmmärschen mit heimatlichem Gruß zuwinkten. Die Tage wurden länger, und schließlich wälzte sich die Sonne wie ein glühender Riesenball um Mitternacht über das Inlandeis im Süden. Bestrahlung und Rückstrahlung wurden so stark, dass ihnen die Haut an den Lippen und an der Nase wund wurde und aufsprang. Auch die Matrosen bequemten sich zu den Schneebrillen, nachdem sie trotz vorheriger Warnung die Qualen der Schneeblindheit kennengelernt hatten.

Ein reiches Tierleben spielte sich nun auch über dem Eis ab. Zu Hunderten kamen die Robben aus den Spalten; viele Männchen waren übel zugerichtet im Kampf ums Weibchen. Diese werfen ihre Jungen auf dem Eis und betreuen sie mit rührender Mutterliebe, bis sie imstande sind, ihre Nahrung selbst im Wasser zu suchen. Man unterscheidet 4 Robbenarten, die kleinste ist der Krabbenfresser, der sich seine Nahrung flink zwischen den Treibeisschollen erjagt, die größte der gutmütig-bedächtige Weddell-Seehund, ein fischfressender Schwergewichtler von 3 Meter Länge, der den Menschen törichterweise mehr traut, als für ihn gut ist.

Der Feind der jungen Robben ist der Seeleopard, ein schlanker, grausamer Räuber, dessen einzige Tugend darin besteht, dass er nicht allzu häufig ist. Die riesige, bis 3000

Abb. 3: Pinguine, drei einsame Streuner finden einen verlorenen Bruder nach einem Schneesturm [Australische Antarktis-Expedition, 1911-1914]

Kilo schwere Elefantenrobbe, nach ihrem rüsselartigen Nasenausbau so oder auch See-Elefant genannt, mag hier miterwähnt werden, obwohl sie sich selten weit ins Packeis vorwagt. Ihren Landaufenthalt nimmt sie auf den Inseln außerhalb des Polarkreises. Die Hauptbevölkerung der Antarktis stellt der Pinguin, dieser seltsame Übergang vom Seehund zum Vogel, dessen drolliges Gebaren wie ein Witz der Natur auf menschliche Wichtigtuerei wirkt. Der Kaiserpinguin wird bis zu $1^{1}/_{4}$ m hoch und erreicht ein Gewicht von 90 Pfund. Da er sehr dumm ist, muss er sich äußerst würdevoll gebärden. Tagelang sitzt er reglos in der Sonne und verdaut, was er an der üppig gedeckten Unterwassertafel in sich geschlungen hat. Der kleine Adeliepinguin ist ein ganz anderer Kerl: frech und beweglich, mit abscheulich klingendem, eselartigem Gekrächz stürzte er sich auf die zweibeinigen Besucher, bis ihn ein Fußtritt belehrte, dass man deutsche Doktoren nicht ungestraft in die Wade zwicken darf. Die Feinde der Pinguine sind der Scheidenschnabel, die Raubmöwe und der Riesensturmvogel, die alle drei ebenso gern Eier wie Kücken fressen und die Brut und Aufzucht der jungen Pinguine zu einer harten Arbeit machen, die von Vater und Mutter in regelmäßigem Schichtwechsel geleistet wird. Die kalten Südmeere sind auffallend reich an Plankton, kleinen Garnelen, Kieselalgen, Krabben und Fischen. Auf den Kubikmeter Wasser sollen sie sogar mehr lebende Masse enthalten als die tropischen Gewässer.

Kaptauben und Sturmschwalben kamen zu Besuch und weckten bei den Gauß-Männern die Sehnsucht nach dem freien Meer und der Heimfahrt. Das Packeisfeld und die Eisberge werden scharf beobachtet, ob sich noch nichts regt. Herrlich ist diese endlose Eisfläche in den Sommernächten im Glanz der Mitternachtssonne, wenn sich der wolkenlose Himmel wie eine purpurne Riesenkuppel darüber wölbt. Unvergleichlich vornehm ist das fleckenlose Weiß der Schollen und der zartbläuliche Duft über ihnen. Alle Polarforscher rühmen diese unbeschreibliche Größe und Pracht einer Natur, die ihre Schönheit nur so oft zeigt, dass die Sehnsucht nach ihr rege bleibt.

Aber nun möchten sie heraus aus der eisigen Umarmung. Sie versuchen den „Gauß" mit Bohren, Sägen und Sprengen freizumachen. Es ist umsonst. Wirksamer war eine dunkle Schlackenstraße, die Drygalski kilometerweit hatte anlegen lassen. Sie zog die Sonnenstrahlen an und fraß sich tief ins Eis ein. Am 20. Januar 1903 vernichtete ein Oststurm alle Hoffnungen der Forscher. Sie bereiteten sich auf einen zweiten Winter vor. Für den darauffolgenden

Sommer planten sie den 800 Kilometer langen Marsch nach dem Knoxland, wohin im Notfall ein Entsatzschiff aus der Heimat kommen sollte. Es war ein verzweifelter Plan aufgrund einer recht unsicheren Hoffnung. Zwei Tage nach Neumond setzt eine starke Meeresströmung ein. Zwei vom Stab wollen ihr eine Anzahl von Flaschenposten 5 Kilometer östlich vom Schiff anvertrauen und finden auf dem Rückmarsch ihre Schlittenspur weggeschwommen und sich selbst vor einer breiten Wake offenen Wassers. Mit List und stärkster Beschleunigung retten sie sich über treibende Eisschollen zum Schiff. Dort ist alles in hellem Aufruhr. Die Eisberge, diese unbeweglich-majestätischen Nachbarn eines ganzen Jahres, sind zu wildem Leben erwacht. Sie schwimmen im Strom und zertrümmern das Packeisfeld, als wäre es dünnes Glas. Aber in nächster Nähe des Schiffs rührt sich noch nichts. Erst eine Woche später gibt es zwei kräftige Stöße. Der „Gauß" schwimmt. Die meteorologische Hütte, die Schlitten, Kajaks und sonstige Habe werden in fröhlicher Hast an Bord geschafft, wo die Hunde das große Ereignis mit wildem Geheul besingen. Der Schiffskessel summt, das Lied der lange verstummten Maschine tönt ihnen wie Orgelton. Raus aus der Mausefalle! Zwei Monate lang kämpfen sie sich durch schweres Packeis nach Westen. Sie wollen noch einmal nach Süden verstoßen und eine neue Winterstation gründen, aber es ist schon zu spät im Jahr, das Jungeis ist schon dick, und die Kohlenbunker zeigen bedenkliche Leerräume. Schweren Herzens muss Drygalski am 8. April den Kurs nach Norden setzen. Ein neues Stück Festlandsküste war entdeckt. Auf weite Vorstöße ins Innere hatten sie verzichten müssen, dagegen vorzügliche wissenschaftliche Arbeit geleistet.

III. Dramatische Schlittenreisen über Gletscherspalten

Scotts Entdeckungen in Süd-Victoria-Land / Shackleton entdeckt das Polplateau und dringt fast zum Südpol vor / Amundsen und Scott am Südpol Douglas Mawson im Adelie-Land.

Deutschland kann auf die Gaußfahrt stolz sein. Sie stellt einen Übergang von der früheren Forschung vom Schiff zur Landerkundung dar, die bald zu großen Erfolgen führen sollte. Zur gleichen Zeit wie der „Gauß" fuhr die englische „Discovery" unter der Führung des Commanders R. F. Scott[2] dem Südpol entgegen. Das Schiff war von der staatlichen Royal Society und der Royal Geographical Society gemeinsam unter der sachkundigen Oberaufsicht von Sir Clements Markham ausgerüstet worden und hakte einen jungen Leutnant Ernest Henry Shackleton und einen Doktor E. A. Wilson an Bord, der außer seinem Hauptberuf als Medizinmann im Nebenamt ein recht guter Zeichner und Maler war. Die „Discovery" sollte im Eis überwintern, wofür Scott nach einer Längsfahrt an der Rossbarre und der sicheren Feststellung des schon von Ross geahnten König-Eduard-VII.-Lands, in der McMurdo-Bucht in der Südwestecke des Rossmeeres den richtigen Ort zu finden glaubte. Diese von den Vulkanen Erebus und Terror im Osten und dem Mount Lister im Westen mächtig flankierte Meeresbucht sollte in den kommenden Jahren zu stolzer und trauervoller Berühmtheit gelangen. Den Ort seines Winterlagers nannte Scott „Hut-Point" (Hütten-Spitze).

Die Forscherarbeit von einer festen Basis war allen etwas Neues, und es dauerte eine Weile, bis sich die schwere Kunst der Schlittenreisen mit Hunden und im Voraus

---

2   Commander ist die englische und amerikanische Bezeichnung der Rangstufe zwischen Kapitän und Erstem Offizier.

Abb. 4: Shackleton, Scott und Wilson (v.l.n.r.) beim Aufbruch zum Marsch Richtung Südpol am 2. November 1902.

angelegten Proviantlagern einigermaßen eingespielt hatte. Scott, Shackleton und Wilson brachen am 2. November 1902, also noch im Frühling, mit 19 Hunden nach Süden auf, aber es ging nur langsam über das raue Eis der Ross-Platte. Sie kamen bis 82° 17' und sahen, dass sich der große Bergzug des Süd-Victoria-Landes polwärts weiter fortsetzte. Der Rückmarsch war ein harter Kampf mit dem Tod. Die Hunde gingen nacheinander ein. Shackleton wurde so schwer skorbutkrank, dass die beiden anderen die Schlitten allein ziehen mussten. Am 3. Februar erreichten sie das Schiff nach einem Marsch von 93 Tagen. Einstweilen hatten die beiden Seeoffiziere Armitage und Skelton bei einem Schlittenvorstoß in westlicher Richtung eine innere Hochebene von 2700 Metern erreicht. Die Gestalt der spröden Antarktis begann sich langsam zu enthüllen. Der kranke Shackleton konnte auf das Hilfsschiff „Der Morgen" verbracht werden, das an der Eiskante erschienen war und ihn nach Neu-Seeland brachte.

Die „Discovery" war nicht freigekommen und bereitete sich auf einen zweiten Winter im Eis vor. Vernünftigerweise wurde eine tüchtige Anzahl Seehunde als Frischfleischvorrat geschaffen, sodass man den Skorbut nicht zu fürchten hatte. Im Frühjahr wurden die Ross-Platte und die westliche innere Hochfläche auf hundelosen Schlittenmärschen erkundet und der Plan erwogen, für die „Discovery" einen Kanal bis zum freien Meer herauszusägen. Am 5. Januar 1904 machte „Der Morgen" seinen zweiten Besuch, dieses Mal in Begleitung des „Terra Nova", eines großen Seehundfängers. Dieser brachte den Befehl der englischen Admiralität, Scott solle die „Discovery" ihrem Schicksal überlassen, wenn er sie nicht eisfrei machen könne, und auf den Hilfsschiffen heimkehrten. Gehorsam, aber traurig räumten sie ihre gute Schiffsheimat und brachten alles Wertvolle auf die Entsatzschiffe. Aber am 3. Februar brach der äußere McMurdo-Sund auf. Nun waren es nur noch 10 km von der „Discovery" bis zum offenen Meer. Alle drei Schiffsmannschaften sägten und sprengten in wildem Eifer. Am 12. Februar hatten sie die Hälfte geschafft, da kam ihnen die Natur zu Hilfe und öffnete den Eisgürtel. Plötzlich lagen alle drei Schiffe nebeneinander, und die „Discovery" konnte 75 Tonnen Kohlen bunkern. Es war ein bisschen wenig für die Pläne ihres Kapitäns und genügte gerade dazu, dass er die beiden „Entdeckungen" seines Vorgängers Wilkes, den „Ringgolds Knoll" und „Elds Peak", von der Landkarte streichen konnte. Mit reicher wissenschaftlicher Beute kehrten sie heim. Sic hatten ein neues Land, eine innere Hochebene und einen Winterhafen entdeckt, dessen Lage hoch im Süden einen Vorstoß nach dem Pol möglich erscheinen ließ.

*

Es ist seltsam, wie sich diese Männer Scott und Shackleton im Ansturm auf den Südpol ablösten. Auf dem gemeinsamen Forscherzug mit Scott fußte Shackletons nächster selbstständiger Vorstoß und auf diesem wieder Scotts letzte Fahrt. Bald nach seiner Genesung trat Shackleton mit neuen Plänen vor die Öffentlichkeit. Man nahm ihn mit kühler Zurückhaltung auf. Seine Erkrankung und frühe Heimkehr von der „Discovery"-Fahrt empfahlen ihn nicht eben als Polbezwinger. Mit Hilfe des Sir William Beardmore und der beiden Fräulein Davison-Lambton brachte er mit Mühe einen Teil der nötigen Gelder auf. Im Februar 1907 legte er dem Cosmos Dining Club der Königlichen Geographischen Gesellschaft seinen Plan vor. „Hauptbasis am McMurdo-Sund, wissenschaftliche Arbeit, Marsch zum Südpol." Er sagte klar und deutlich: „Ich habe nicht die Absicht, den wissenschaftlichen Nutzen des Unternehmens einem bloßen Rekord brechenden Vorstoß zu opfern, aber trotzdem mochte ich es frei heraussagen, eine meiner hauptsächlichen Bemühungen soll die sein, den Südpol zu erreichen." Dies hatte vor ihm noch keiner zu sagen gewagt. Dass es ihm mit der wissenschaftlichen Arbeit ernst war, bewies er durch den Vorschlag, eine Abteilung nach dem König-Eduard-Land und eine andere zum magnetischen Südpol auszusenden.

Als Scott von dem Plan hörte, schrieb er ihm, er hoffe, einen zweiten Zug nach dem McMurdo-Sund unternehmen zu können, und bitte, von der Benützung des Winterhafens der „Discovery" Abstand zu nehmen. Ein schwerer Schlag für Shackleton, der gerade diese „Hütten-Spitze" als die einzige mögliche Stelle in weiter Umgebung betrachtete. Nobel, wie er sein Leben lang war, ging er auf die Bitte seines alten Kapitäns ein. Dies hatte für ihn die große Schwie-

Abb. 5: Sir Ernest Shackleton (1874-1922). Er starb auf einer eben angetretenen neuen Südpolarfahrt.

rigkeit, dass er einen Planwechsel ohne Begründung bekannt geben musste, weil Scott noch nicht fahrtbereit war. Er gab nun einen weit östlichen Punkt an der Ross-Barre in der Gegend des König-Eduard-Landes als Basis an, der 133 km näher am Südpol lag und auf der „Discovery"-Fahrt von Scott „Ballonbucht" getauft worden war. Man hörte Shackleton an, die Zünftigen schüttelten den Kopf: „Was wollte der junge Mann ohne rechte Erfahrung. Nun hatte er schon seinen Plan grundlos gewechselt. Das sah ganz nach einem neuen Versager aus." Seinen zahlreichen Gläubigern war es vorbehalten, wirkliche Anteilnahme an dem Unternehmen aufzubringen. Schwer verschuldet, wie so viele Polarforscher, aber weniger beachtet als die meisten von ihnen, dampfte er am 20. Juli 1907 mit dem kleinen, aber kräftigen Walfischfänger „Nimrod" von London ab und ankerte noch einmal in Greenhithe. Hier erreichte ihn der Befehl, Cowes anzulaufen, wo König Eduard, Königin Alexandra und der Prinz von Wales das Schiff und die Ausrüstung ansehen wollten. So brauchte er die Heimat doch nicht ohne Ermunterung zu verlassen.

In Lyttleton auf Neu-Seeland nahm er 10 mandschurische Ponys an Bord, die er nach den schlechten Erfahrungen mit den Hunden zum Schlittenziehen verwenden wollte. Bis zum Packeis ließ er sich von dem Kohlendampfer „Koonva" schleppen, um selbst mit möglichst viel Kohle

Abb. 6: Vom Spritzwasser getroffenes Eis nach einem Orkan.

an Bord in das Rossmeer einzufahren, ein ganz eigenwüchsiger Gedanke, dessen Ausführung in diesem orkanreichsten Meer der Erde weder angenehm noch ungefährlich war. Der „Nimrod" war außerdem so schwer geladen, dass er bei ruhigem Meer nur mit 3 Fuß Freibord über den Meeresspiegel herausgesehen hätte, was in den 12 Tagen dieser tollen Schleppschifffahrt über 1500 Seemeilen nie der Fall war. Niemand an Bord hatte einen trockenen Faden am Leib, und die armen Pferdchen wurden in ihren behelfsmäßigen Ställen derart herumgeworfen, dass sich zwei von ihnen schwer verletzten und erschossen werden mussten. Angesichts der ersten Eisinseln warf die „Koonya" die Schlepptrossen los, zweifellos mit einem tiefen Seufzer der Erleichterung aller, die für dieses Kohlensparpatent Shackletons mitverantwortlich waren.

Am 23. Januar 1908 kam die Ross-Barre in Sicht. Shackleton folgte ihr ostwärts bis zu der kleinen Ballonbucht. Aber als er dort ankam, sah alles ganz anders aus. Die Ross-Platte hatte meilenlange Eisinseln abgeschoben, und anstelle der schmalen Einfahrt hatte sich ein weiter Meerbusen aufgetan, der nun von Shackleton Walfischbai genannt wurde. Die Forscher waren einer großen Gefahr entgangen. Hätte dieser riesige Eisbruch nicht vor ihrem Eintreffen stattgefunden, hätten sie ihre Hütte in der Nähe des Eisrandes ausgestellt, ihre ganze Habe dorthin verbracht und dann das Schiff entlassen, so wären sie mit der „gekalbten" Eisinsel ins Rossmeer hinausgetrieben und dort höchstwahrscheinlich elend zugrunde gegangen. Shackleton suchte nun einen Landungsplatz an der Küste von König-Eduard-Land, aber das Packeis ließ ihn nicht herankommen und hätte ihn bei mehrfachen Versuchen beinahe gefasst. Der Kapitän des „Nimrod" verhehlte ihm seine Sorge nicht. Der Kohlenvorrat ging zur Neige, das Schiff zog Wasser, und häufig einfallender Nebel machte die Fahrt äußerst gefährlich. Die einzige Rettung war der McMurdo-Sund. Shackleton sträubte sich bis zum äußersten, sein Scott gegebenes Versprechen lag ihm am Herzen, aber schließlich konnte er deshalb doch nicht alle zugrunde gehen lassen. Er musste nachgeben. Im McMurdo-Sund lag schon eine 30 km breite Packeissperre vor der „Hütten-Spitze". Am Kap Royds der Ross-Insel fanden sie eine günstige Stelle zum Ausladen ihrer Vorräte und Ausrüstung im Gewicht von 180 Tonnen. Allerdings war dieser Punkt über 30 km weiter vom Pol entfernt.

Bei dieser wie bei allen vorhergehenden und folgenden Unternehmungen waren die Tage des Ausbootens der schweren Last mit Sorge und harter Mühe bis zum Rande gefüllt. Jede Stunde konnte die Arbeit durch Sturm, Zufrieren des offenen Wassers und Eispressung abgerissen werden. Dann war das Schiff gezwungen, ins einigermaßen eisfreie Meer hinauszudampfen, und musste die Leute an Land fast schutzlos mit einem Teil der Ausrüstung ihrem Schicksal überlassen. So muss nun jeder günstige Augenblick bis zum äußersten ausgenützt werden, bis endlich die Wohnhütte, die Ställe und die Vorratsschuppen stehen und einige Ordnung in das Chaos der tausenderlei Dinge gebracht ist, die in einem solchen Forschungslager zur Lebensnotdurft und wissenschaftlichen Arbeit nötig sind.

Ein Stimmungsbild aus diesen Tagen wird es am besten veranschaulichen: Shackleton wartet eines Morgens ungeduldig auf das Wieder- erscheinen des „Nimrod", der über Nacht ein Stück ins offene Wasser hinausgefahren war. Er sieht den Bug des Schiffes in weiter Ferne und kann sich nicht denken, warum es nicht an die Landestelle heranfährt. Die Landabteilung schläft einstweilen todmüde in ihren Bettsäcken. Shackleton lässt sich an Bord rudern und fragt den Kapitän, warum er die Löschung nicht fortsetze. Dieser zeigt ihm den Zustand seiner Mannschaft: „Davis war mit dem Kopf auf dem Tisch im Wachraum eingeschlafen; vor ihm stand sein Frühstück, der Schlaf hatte ihn so plötzlich übermannt, dass ihm der Löffel noch im Mund steckte. Cotton lag auf dem Treppenabsatz zum Maschinenraum, während Mawson, dessen Lager sich in einer kleinen Vorratskammer im Maschinenraum befand, auf deren Boden eingeschlafen war. Seine langen Beine hatte er durch die Tür gesteckt, sie lagen auf dem Kolbenstangenkopf; seine Träume waren von rhythmischen Bewegungen des Körpers begleitet, denn die Maschinen arbeiteten, und mit dem Kolben hoben und senkten sich seine langen Glieder. Auch die Matrosen lagen in festem Schlaf."

Angesichts dieser Sachlage gibt Shackleton „Schlafurlaub" bis ein Uhr nachmittags. So arbeitet man in der Arktis. Es ist keine Kleinigkeit, 3600 Zentner Habseligkeiten mit einigen Booten ans Ufer zu schaffen, sie von dort mit schlechteingefahrenen Ponys und meuternden Hunden auf kleinen Schlitten landeinwärts zu schleppen und so schnell unter Dach zu bringen, dass sie nicht vom nächsten Schneesturm bis zur Unauffindbarkeit eingeschneit werden. Der obenerwähnte, von der Kolbenstange im Schlaf gewiegte, langbeinige Mawson ist übrigens die heute als Sir Douglas Mawson bekannte Leuchte der antarktischen Wissenschaft. Mit ihm mögen hier noch die Gelehrten Edgeworth, David, Priestley und Murray als hervorragende Mitarbeiter Shackletons genannt werden.

Dieser kannte gegen sich selbst am wenigsten Schonung in Mühe und Gefahr. Mit seinem frischen, offenen Wesen und seiner herzerquickenden Liebenswürdigkeit genoss er bald die Zuneigung aller. Shackleton war der geborene Anführer. Aus uralter englisch-irischer Familie, verdankte er dieser günstigen Blutmischung die herrlichen Eigenschaften, die uns sein Andenken teuer machen. Sein erstes selbstständiges Unternehmen ließ sich auch weiterhin nicht allzu günstig an. Als die Hütte stand und das Vertreiben der Proviantniederlagen beginnen sollte, sah er sich plötzlich von der Ross-Platte abgeschnitten. Dem ewig unberechenbaren Packeis war es eingefallen, restlos aus dem MeMurdo-Sund ins freie Meer hinauszusegeln, sodass die Forscher auf ihrer Ross-Insel erneutes Zufrieren abwarten mussten. Noch im März 1908 wurde der über 4000 Meter hohe Erebus von Edgeworth, Mawson und Mackay bestiegen, eine der schneidigsten Taten der süd- und nordpolaren Forschungsgeschichte.

Die Unerbittlichkeiten des Klimas, der Polarnacht und der Eisverhältnisse bedingen immer dieselbe Arbeitsweise, wenn lange Schlittenreisen zu Land oder gar die Erreichung des Südpols beabsichtigt werden. Da der Packeisgürtel rund um die Antarktis erst im Dezember „mürbe" wird und mit einigem Glück zu durchbrechen ist, kann im ersten „Sommer" mit Aufbietung aller Kräfte nur das Ausladen, der Bau des Standquartiers und das Vorbringen der Proviantlager ausgeführt werden. Im anschließenden neunmonatigen Winter, dessen Nächte im Allgemeinen nicht so dunkel sind wie unsere Winternächte, wird zwar wissenschaftlich gearbeitet, aber große Landreisen sind unmöglich und schon die kleinen übermäßig gefährlich. Im nächsten Sommer, dessen Beginn nicht vor Mitte Oktober zu setzen ist, werden die großen Landreisen unternommen, die spätestens Mitte Februar beendigt sein sollten, da sonst das abholende Schiff Gefahr läuft, vom Packeis festgehalten zu werden.

Die bald einsetzende Polarnacht drückte die Stimmung nicht zu Boden. Es herrschte gute Kameradschaft bei guter Gesundheit. Shackleton bekam den Ehrennamen „The Boss" (Meister, Herr, Anführer), der ihm sein Leben lang blieb. In gemeinsamer Liebe zu ihm fühlten sich alle wie eine große Familie. Selten mögen 15 Leute so frisch an Leib und Seele durch einen Polarwinter gekommen sein. Sie brauchten ihre Kraft, denn die Arbeit, die vor ihnen lag, war ungeheuer. Eine Abteilung musste das Haus hüten, um die fortlaufenden eis- und wetter- kundlichen Aufzeichnungen durchzuführen. Drei Abteilungen strebten hinaus, die südliche unter Shackleton zum geografischen Südpol, die nördliche unter Professor David zum magnetischen Südpol, eine westlich-geologische zur Erforschung der Bergkette an der Westküste des McMurdo-Sunds. Der in Aussicht genommene Vorstoß zum König-Eduard-Land musste wegen Pferdemangels aufgegeben werden.

Der Versuch mit den mandschurischen Ponys muss heute als Irrtum bezeichnet werden, und es ist schwer erklärlich, wie später Scott nach den Erfahrungen Shackletons so zäh daran festhalten konnte. Dieser rechnete so: „Auf der 'Discovery' hatten wir 20 Hunde und haben so gut wie nichts mit ihnen geschafft. Anderen antarktischen Forschern ist es ebenso gegangen. Ein Pony dagegen zieht mir soviel wie 10 Hunde, und zwar über eine viel weitere Wegstrecke." Shackleton rechnete auf 600 Kilogramm Zuglast und 40 bis 50 km im Tag, eine gewaltige Überschätzung. In der Erörterung dieser für die Südpolarforschung überaus wichtigen Frage beweist Amundsen dagegen die unbedingte Überlegenheit der Hundebespannung mit folgenden Tatsachen: Das in langer Reihe ziehende Hundegespann kommt viel leichter über die Schneebrücken der Gletscherspalten. Bricht ein Hund ein, so bleibt er im Geschirr hängen und kann leicht wieder herausgezogen werden. Das Pony bricht viel eher ein und kann kaum gerettet werden. Der Hund lässt sich mit dem Fleisch der abgehenden Hunde füttern, für das Pony muss alle Nahrung auf dem Schlitten mitgeschleppt werden. Für den hungrigen Menschen ist Hundefleisch sicher ebenso gut wie Pferdefleisch. Im Gebirge, besonders in den stark zerklüfteten Randgletschern, ist das Pony unbrauchbar, der Hund von höchstem Nutzen. Der Hund findet viel eher Schutz gegen den eisigen Blizzard. Er scharrt sich ein und drängt sich im wärmenden Rudel zusammen, das Pony steht schutzlos im eisigen Sturm und erfriert. Dass sich die englischen Forscher diesen unumstößlichen Wahrheiten verschließen konnten, lässt sich nur dadurch erklären, dass sie mit den Hunden einfach nicht zustande kamen. Sowohl in der Fütterung wie in der

Dressur müssen sie große Fehler gemacht haben, um zu einem so ganz anderen Urteil zu gelangen als Nansen, Amundsen, Peary und alle die anderen Polar-Praktiker. Wohl verlangt die Beaufsichtigung und Fütterung einer Meute dieser zum Teil recht wolfsähnlichen hochnordischen Hunde eine genaue Kenntnis ihrer Eigenart und unermüdliche Wachsamkeit, aber sie lohnen diese dann auch durch geradezu fabelhafte Leistungen, wie wir später sehen werden.

Die Entfernung von Kap Royds zum geografischen Südpol betrug etwa 1400 km, von denen Shackleton 800 nicht kannte. Auf Europa übertragen: eine Schlittenreise von Kiel nach Rom, bei der die Strecke München—Rom unbekannt ist. Wie sich nachher ergab, liegen von dieser unbekannten Strecke 500 km auf einer Hochebene in Zugspitzenhöhe. Von den 8 gelandeten Ponys hatten 4 durch übermäßiges Fressen von Sand während der Winterruhe ein frühes Ende gefunden und sich so dem Tod im Dienste der Wissenschaft entzogen. Im September 1908 trieb Shackleton mehrere Proviantlager südwärts vor, das letzte bis 79°36'. Am 29. Oktober brachen er, der Meteorologe Adams, der Arzt und Kartograf Dr. Marshall und der Proviantmeister Frank Wild zur Südpolfahrt auf. Die Ponys „Oman", „Grisi", „Chinaman" und „Socks" zogen 400 kg Lebensmittel, Zelt, Schlafsäcke und sonstigen Bedarf auf vier Schlitten. Die Polfahrer trugen keine Pelze, sondern nur wollenes Unterzeug, Sweater und eine luftdichte leichtere Außenkleidung. Für ihren Rückmarsch sollte bis Ende Januar 1909 ein wichtiges Proviantlager am Minna-Bluff (Bluff = steile Anhöhe) auf etwa 79° niedergelegt werden. Murray wurde als Oberbefehlshaber am Kap Royds zurückgelassen mit genauen Anweisungen für den Fall, dass die Pol-Abteilung bis zum 25. Februar nicht zurück wäre.

Länger als bis zum 10. März durfte der wiedererwartete „Nimrod" auf keinen Fall aufgehalten werden.

Bis zum 7. November ging eine Begleitabteilung von sechs Schlittenziehern ohne Zugtiere mit, die etwa 700 Pfund Ladung weiter vor brachte. Schon vom 6. November an wurden die Rationen heruntergesetzt. Einer der schlimmsten Hungermärsche der Forschungsgeschichte hatte begonnen. Bald nach Beginn der Reise wurden sie durch einen viertägigen Blizzard aufgehalten. Sie bemerkten, dass sie ihr Zelt dicht am Rand einer Gletscherspalte aufgeschlagen hatten, ließen es aber ruhig stehen. Am 9. November klarte es auf. Die Ponys waren steif vom langen Stehen im eisigen Sturm. Sie zogen schlecht und traten durch die Schneckruste. Ums Haar wäre ihnen „Chinaman" mit seinem Führer, allen Kochgeräten und der Hälfte des Brennöls in einer abgrundtiefen Gletscherspalte verschwunden. Glücklicherweise war dies die letzte auf ihrem Marsch über die 600 km der Ross-Platte. Die Bahn besserte sich, und ihre Tagesmärsche, die sich vorher zwischen 15 und 19 km bewegt hatten, hoben sich auf 23 bis 25. An jedem Rastort bauten sie einen fast 2 m hohen Schneehügel als Wegmarke für den Rückmarsch. Am Minna-Bluff setzte Shackleton den Kurs gerade südwärts, und so verloren sie bald das Randgebirge des Süd-Victoria-Landes aus den Augen. Tag für Tag ging es über das ewige Einerlei der Ross-Platte. Aber sie waren voller Hoffnung, die Sonne schien, und die Ponys zogen willig. Die halbwilden Gesellen haben sonst allerlei schlechte Manieren. Sie fressen ihre Schutzdecken, und einer verschlingt sogar ein 2 m langes, wohlgeteertes Tauende und wirft sein herrliches Kraftfutter in den Schnee. Am 21. November ist „Chinaman" fertig. Ein rascher Tod durch Kopfschuss setzt seiner Plage ein Ende. Er wird kunstgerecht geschlachtet und ergibt 150

Pfund Fleisch, die zum großen Teil in ein Depot wandern. Den tierliebenden Engländern wird solche Henkersarbeit schwer, aber sie ist eine unbedingte Notwendigkeit arktischer Fernmärsche, ob man mit Pferden oder mit Hunden reist. Am 22. November sehen sie zum ersten Mal gerade im Süden neues Land. Jeden Tag steigen diese Gipfel, auf denen noch keines Menschen Auge geruht hatte, höher vor ihnen auf. Als sie näher kommen, sehen sie riesige Granitklippen von 1200 bis 2000 m Höhe, jäh abfallend, ohne eine Spur von Schnee. Scotts südlichste Breite von 82° 17' ist schon überschritten. Die Ponys erkranken an Schneeblindheit, was natürlich den Marsch für sie anstrengender macht und so mittelbar ihre Lebenstage verkürzt. „Grisi" und „Quant" müssen am 28. November und 1. Dezember erschossen werden. Von da an müssen drei Mann den einen Schlitten mit 300 kg Last ziehen, während der vierte Mann „Socks" führt.

Am 4. Dezember ist die Ross-Platte auf 83° 20' zu Ende, und das Festland meldet sich mit einem stark durchfurchten Gletscherabfall. Die Schinderei ist groß, den Schneebrillen zum Trotz greift die blendende Helle die Augen an, sie können die Spalten kaum mehr unterscheiden. Am 7. Dezember, bald nach der Mittagsrast, hören die drei voranschreitenden Männer den Hilfeschrei Wilds. Sie eilen zurück. Der Ponyschlitten sitzt mit dem vorderen Ende in einer Spalte, aus der sich Wild eben herausarbeitet. Vom Pferd keine Spur. Wild erzählt: „Ich trete plötzlich ins Leere, fühle einen heftigen Schlag an der Schulter, etwas saust an mir vorbei, ein hässlicher Riss an der rechten Hand, und ich hänge nur mit dem linken Arm über der furchtbaren Kluft." Den Dreimännerschlitten hatte dieselbe Schneebrücke getragen, die unter den Pferdehufen einstürzte. Durch ein wunderbares Glück war der Zughaken gebrochen, sonst wären Mann und Schlitten auch hinuntergerissen worden. Sie legen sich an die Kante und sehen hinab. Nichts als schwarze, bodenlose Tiefe, aus der kein Laut zu ihren Ohren dringt. Nun sind sie mit 450 kg Zuglast auf die eigene Kraft angewiesen. Sie fühlen sich ganz zerschlagen nach dem Unfall. Der Verlust des Pferdeschlittens hätte wohl ihren Untergang bedeutet. Mit den dann noch übrigen zwei Schlafsäcken hätten sie Kap Royds kaum erreicht, denn der Schlafsack ist der Lebenserhalter des Polarreisenden und kann durch behelfsmäßige Bedeckung nicht ersetzt werden. Der Verlust der etwa 150 Pfund Pferdefleisch ist schon eine ernste Sache. Diese Gletscherspalten sind eine furchtbare Gefahr für die antarktische Forschung. Eine richtige bergmäßige Sicherung durch ein Gletscherseil ist bei der Schlittenarbeit unmöglich, und es ist kaum zu glauben, dass bei dieser wie bei den folgenden Fahrten über die Ross-Platte hinaus auch nur ein Mann den Weg zum Standquartier zurückfand.

Der Blick über den ungeheuren Bergschrund des Beardmore-Gletschers ist überwältigend. Es war der Weg zum Pol. In Wochen übermenschlicher Plackerei zerren sie ihre 100-kg-Last auf den Mann durch weichen Schnee, über blaues Eis und über die vielen Spalten. Der Weg muss oft zweimal gemacht werden, wenn die Steigung für die schwere Last zu steil ist. Wie oft sie stürzen, in Spalten fallen und nur durch ihr Zuggeschirr gerettet werden, vermeldet kein Heldenbuch. Ihr ganzer Leib ist voller Quetschungen und Beulen. Immer neue Berge und Seitengletscher kommen in Sicht, sie finden fossiles Holz und, zum ersten Mal in der Antarktis, zutage liegende Kohle. Ihre Hauptnahrung ist die Kraftsuppe aus Pemmikan, das köstliche Hunsch: Gegen den Zwischenhunger kauen sie den Mais, den ihnen der arme „Socks" hinterlassen hat.

Wild schreibt: „Wir haben alle furchtbaren Appetit und finden unsere Rationen viel zu klein — Shackleton ist bei glänzender Laune." Sie reden fast nur vom Essen und erzählen sich von Göttermahlzeiten, die sie gehabt haben und die sie wieder haben werden. Ihre Träume machen sie leider nicht satt.

Shackleton schätzt die Gipfel der westwärts liegenden Berge auf 4500 m, die östlichen sind niedriger, aber immer noch geht es aufwärts. An Weihnachten sind sie auf 85° 55' und 2800 m Höhe bei 32 Grad Kälte und einem beißenden Südwind. Aber nun scheint die Hochfläche erreicht zu sein nach dem vielfach doppelt zurückgelegten Anstieg über 250 km Beardmore-Gletscher. Noch ist der Pol 350 km entfernt, und sie haben nur noch 25 Tagesrationen bei sich. Sie lassen alles irgend Entbehrliche zurück und ziehen weiter. Ihr Hausarzt Dr. Marshall stellt bei sich und den anderen eine Körpertemperatur von etwa 2 Grad unter der Norm fest, aber sonst sind sie gesund und leistungsfähig. Das Atmen auf dieser Höhe ist sehr erschwert, dennoch machen sie Märsche von 20 km und mehr bergan. Am 4. Januar haben zwei von ihnen nur noch 34,4 Grad Blutwärme. Seit sie die Hochfläche erreicht haben, ist die Temperatur noch nie über 18 Grad unter Null gestiegen. Tollkühn errichten sie eine letzte Niederlage auf dem blanken Schneefeld und drängen noch weiter polwärts. Ein rasender Südsturm am 6., 7. und 8. Januar bei 30 bis 40 Grad Kälte sagt „Schluss". Am 9 Januar lassen sie das Zelt zurück und drücken noch 30 km vor bis 88° 23'. Shackleton hisst die Flagge, die ihm seine Königin anvertraut hat, und spricht ein paar Worte zu den Gefährten. Sie haben getan, was sie konnten, und wissen, dass das Ziel auf dieser Hochebene liegt, 183 km vor ihnen. Vor einer großen und gewählten Gesellschaft in London hat es Shackleton in seiner netten

Art einmal ausgesprochen: „O ja, wir hätten hinkommen können. Aber dann stünde heute keiner da, der's Ihnen erzählen könnte." Wir wissen diesem Anführer Dank, dass er abbrach, ehe es zu spät war.

Er hat wirklich keinen Kilometer zu früh abgebrochen. Der Rückmarsch ist ein richtiger Wettlauf mit dem Tod. Glücklicherweise haben sie nun den Sturm im Rücken. Sie machen sich ein Segel aus der Bodenfläche des Zeltes und steigern ihre Marschleistungen bis zu 46 km trotz Hunger und Frostbeulen, und sie finden ihre Niederlagen, was natürlich alles entscheidet. Wilds Tagebuch meldet am 13. Januar: „Konnte diese Nacht nicht schlafen vor Kälte und Hunger." Es sollte noch einen Monat dauern, ehe sie richtig essen konnten. Am 19. sagt das Tagebuch: „Ich weiß nicht, wie Shackleton durchhalten kann; seine beiden Fersen sind offen an vier oder fünf Stellen, seine Beine sind wundgescheuert, und heute hatte er heftige Kopfschmerzen infolge von zwei schweren Stürzen." Der Abstieg im Beardmore-Gletscher ist furchtbar gefährlich, und doch müssen sie ohne Aufenthalt vorwärts, sie haben nur noch vier Tagesrationen auf 130 Kilometer bis zur Niederlage am Fuße des Gletschers. „Zwei oder drei Tage Schlechtwetter würde uns alle ins „Bessere Land" befördern." Shackleton schiebt einmal Wild ein Biskuit in die Tasche, ohne dass die beiden anderen es merken. „Aber Boss, was soll das?" „Sie haben es nötiger als ich." Wild schreibt darüber: „Shackleton hat mir heimlich sein einziges Frühstücksbiskuit aufgezwungen, er hätte mir heute Nacht noch eins gegeben, wenn ich's zugelassen hätte. Ich glaube nicht, dass irgendwer in der Welt ganz verstehen kann, wie viel Edelmut und welche Zuneigung er mir dadurch bewies. Ich weiß es, und bei Gott, ich werde es nicht vergessen." Wild hat es auch nie vergessen.

Achthundert Meter vor dem rettenden Vorratshügel müssen sie aus Erschöpfung haltmachen. Ihre Verdauung lässt dann nach, sie leiden an Dysenterie und werden todmüde. Das Ponyfleisch bekommt ihnen nicht. Endlich, am 22. Februar, treffen sie auf Spuren einer Hilfskolonne, die augenscheinlich über den Minna-Bluff weiter südwärts vorgestoßen ist. Nun wissen sie, dass dort das verabredete Proviantlager ihrer harrt. Sie sehen Zigarettenstummel neben den Skispuren. An der Hinterlassenschaft eines Mittagslagers erkennen sie, dass der „Nimrod" wiedergekommen sein muss, die herumliegenden leeren Büchsen sind anderer Herkunft als ihre alten Vorräte. Und Oh Wunder! Da haben diese üppigen Gesellen drei Stückchen Schokolade und ein Biskuit liegen lassen. Der köstliche Fund wird verlost. „Rechte Hand gewinnt — linke verliert." Shackleton hat Pech, er gewinnt nur das lumpige Stückchen Biskuit und ärgert sich richtig darüber, nachher lacht er über ihre Kinderei. Am Blufflager gibt es dann alles, was des Menschen Herz begehrt: Biskuit in Fülle, allerlei Leckereien wie Karlsbader Pflaumen, Eier, Plumpudding, kandierte Früchte gegen den ewigen Zuckerhunger und sogar frischgekochtes Hammelfleisch. Gut, dass die ganze Natur einen Eisschrank darstellt. Welche Wonne, wenn man sich das Essen wählen darf und die Leichenfetzen abgetriebener Ponys nicht mehr zu sehen braucht. Aber die böse Darmkrankheit lässt gerade den Arzt nicht aus ihren Klauen. Shackleton muss ihn mit Adams zurücklassen und Hilfe herbeiholen. Es eilt, wenn ihnen das Schiff nicht befehlsgemäß, aber gerade noch vor der Nase wegfahren soll. Shackleton und Wild nehmen ihr Leben in die Hand und eilen mit eintägigem Proviant und ihren Schlafsäcken dem Hauptlager zu. Schließlich lassen sie alles liegen und hasten zur Hütte vor. Niemand dort, vom Schiff nichts zu sehen, ein Brief besagt, dass der „Nimrod" bis 26. Februar am Fuß des Zungengletschers ankern werde, aber es ist schon der 28. Eine trübe Heimkehr. Sie wickeln sich in ein Stück Dachpappe und ruhen etwas aus. Dann stecken sie die magnetische Hütte in Brand und hissen die Flagge. Die Notzeichen werden vom Schiff bemerkt. Erst jetzt sind sie gerettet. Es waren 117 Tage, seit sie mit Proviant für 91 Tage abmarschiert waren. Nun wird alles gut. Marshall und Adams werden erlöst. Jener hat sich so weit erholt, dass er bis zur Hüttenspitze gehen kann, dann kommt er in gute Pflege.

Das englische „Geographical Journal" schreibt im März 1922: „Diese Schlittenreise wird jetzt als die größte Tat ihrer Art eingeschätzt, sowohl in der Arktis wie in der Antarktis." Shackleton und seine Mannen hatten eine Strecke von 2825 km ganz zu Fuß und das meiste ohne Zugtiere zurückgelegt. Dass sie alle mit dem Leben davonkamen, ist das größte Wunder. Sie entdeckten die große Hochebene um den Pol und 800 km Bergketten als Umrahmung des größten Gletschers der Welt.

Shackleton war mit einem Schlag der volkstümlichste Mann Englands. Sein Volk verstand ihn. Wohl hatte er die Hand nach dem Ruhmeskranz ausgestreckt, aber die Sicherheit seiner Genossen ging ihm noch über den Ehrgeiz. Dass er nie ein Menschenleben opferte, mag als seine höchste Ruhmestat betrachtet werden. Amundsen sagt über ihn: „Selten hat ein Mensch einen so großen Triumph gefeiert, selten auch mehr verdient." Seine Entschlusskraft, Kühnheit, Willensstärke und ermunternde Güte sind über alles Lob erhaben.

*

Bald treffen wir Kapitän Robert Falcon Scott mit der „Terra Nova" in denselben Gewässern, die der „Nimrod"

Abb. 7: Kapitän Scott an seinem Schreibtisch in der Winterhütte auf der Rossinsel.

vor anderthalb Jahren verlassen hatte. Von Anfang an ist diese Fahrt wenig glücklich. Zwischen Neu-Seeland und dem Ross-Meer kommen sie in einem Sturm an den Rand des Untergangs. Die Decklast wird lose, gewaltige Seen kommen über, die Pumpen versagen, das Wasser steigt im Maschinenraum so hoch, dass die Feuer gelöscht werden müssen. Offiziere und Gelehrte schöpfen mit der Mannschaft um die Wette mit Eimern das kalte Wasser aus dem Raum in heulender Sturmnacht. Ein unheimlicher Anfang. Zwei von den Ponys müssen schon jetzt dran glauben. Diese Unglückstiere bleiben die Sorgenkinder der Expedition. Schon auf 67° 30' wird die „Terra Nova" von Packeisfeldern umfasst und muss sich drei Wochen lang treiben lassen. Ende Dezember 1910 wird sie endlich frei und erreicht nun rasch die Hütten-Spitze auf der Ross-Insel. Zu Füßen des Erebus werden die Vorräte des reich ausgestatteten Forscherzugs ausgeladen, wobei einer der drei Motor-

51

schlitten ein nasses Grab findet. Eine riesige Winterhütte von 16 x 8 m wird aufgeschlagen, und die „Universitas Antarctica", die Südpol-Hochschule, wie sie Scott halb im Scherz nennt, richtet sich ein. Sie leistet viel für die wissenschaftliche Forschung, aber die Gefahr bringenden Unvorsichtigkeiten seiner Doktoren machen dem Anführer auch allerlei Sorge. Als Oberbefehlshaber von 4 Offizieren, 14 Gelehrten, 7 Deckoffizieren und 7 Leuten der Mannschaft kann sich Scott unmöglich mit allen Einzelheiten der Ausrüstung seiner späteren Polfahrt so befassen, wie dies unbedingt notwendig gewesen wäre.

Hölzerne Scheidewände trennen die Oberkaste von der Mittelkaste und der Mannschaft. Dass die 32 Teilnehmer auch durch gewisse seelische Scheidewände getrennt waren, ist trotz mehrfacher Versicherung besten Einvernehmens gar nicht anders denkbar. Dies ist aber für ein polares Unternehmen nicht von Nutzen. Es ist doch etwas anderes, ob die unendlich vielen gleichwichtigen Kleinigkeiten von Mann zu Mann über denselben Tisch beredet werden oder ob ihre Erledigung unter den Hindernissen der Kastentrennung zu leiden hat. Allerschwierigstes kann wohl nur durch einen Gemeinschaftswillen erreicht werden, nicht durch Befehlen und Gehorchen. Im Gegensatz zu den Engländern scheinen die Norweger dies schon lange eingesehen zu haben. Seit Nansens großer Framfahrt bildeten bei ihnen sämtliche Teilnehmer trotz aller Unterschiede der Bildung und gesellschaftlichen Gewöhnung eine große Familie. Wenn man dies will, muss man sich natürlich in der Zahl eine gewisse Beschränkung auferlegen. Es war ein Irrtum, aus dieser großen wissenschaftlichen Unternehmung den Vorstoß nach dem Pol abzuzweigen.

Beim Anlegen der Proviantlager leisteten die mandschurischen Pferdchen das Erwartete bei Weitem nicht. Auch

Abb. 8: Die Ponyställe im Winter.

die Motorschlitten versagen bald. Es gibt allerlei Unglücks-
fälle, das Wetter ist unbarmherzig schlecht; so bringen sie
nur eine Tonne Lebensmittel bis zum südlichsten Vorrats-
lager auf 79° 28'. Schon dabei geht der Ponybestand er-
schreckend rasch herunter. Sie geben sich eine Riesenmühe
mit Aufwerfen von Schneewällen zum Schutz für die frie-
renden Tiere gegen die eisigen Blizzards — es hilft nicht
viel. Das Hauptlager liegt auch nicht sonderlich günstig als
Ausgangspunkt zu einer Südpolfahrt, die Ross-Insel mit
ihren Steilhängen bedingt einen großen Umweg.

Die bald einsetzende Polarnacht wird durch Geselligkeit
und wissenschaftliche Arbeit bekämpft. Ein tollkühner
Wintermarsch, den die beiden Zoologen Wilson und Cherry Garrard mit Leutnant Bowers zum großen Brutplatz der
Kaiserpinguine bei Kap Crozier wagen, bringt sie in höchste Lebensgefahr. Sie studieren diese merkwürdigen Vögel,
die es fertigbringen, bei Sturm und schrecklicher Kälte ihre

Eier auszubrüten. Der Rückmarsch ist furchtbar. Ihr Zeltdach wird von einem Schneeorkan zerfetzt: Sie warten in ihren vereisten Schlafsäcken bei 60° Kälte auf das Ende, während das Knallen der Eispressung bedenklich nahe heranrückt. Vor Erschöpfung halb schlafend, stolpern sie dann über das zerklüftete Packeis und schließlich in die Winterhütte hinein. Dr. Wilson beschreibt ihre Heimkehr:

„Jeder hatte uns irgendwo gepackt und zog uns irgendwas aus. Dann setzten sie uns Kakao, Brot, Butter und Marmelade vor. Cherry taumelte nur so in die trockenen, warmen Wolldecken, und ich glaube, dass wir alle in diesem Augenblick der höchsten Glückseligkeit nahe waren, die ein Mensch auf dieser Erde überhaupt empfinden kann.“

Die alte Erfahrung: Das Aufhören von Angst und Qual ist die höchste Freude. Auf verschiedenen kleineren Schlittenreisen wird die nähere Umgebung der Ross-Insel genau erkundet.

Seit dem 22. Februar 1911 wusste Scott von der rückkehrenden „Terra Nova“, dass der alte „Fram“ Roald Amundsen mit einer ausgesuchten Mannschaft an der Walfischbai an Land oder vielmehr aufs Eis der Ross-Platte gesetzt hatte. Natürlich waren ihm die Erfahrung, Tüchtigkeit und eiserne Willenskraft des Mannes wohlbekannt, der mit ihm um den Ruhm der Südpolbezwingung rang. Dennoch bricht Scott nicht vor dem 1. November 1911 auf. Er kann seine letzten Ponys nicht den Blizzards des Frühjahrs aussetzen. Trotz des langen Wartens ist das Wetter schauderhaft, die Oberfläche von dem scharfen Windharsch durchfurcht, den man „Sastrugi“ (Gängeln) nennt. Die Motorabteilung muss bald heimgeschickt werden, und dann wird ein Pony nach dem andern durch Kopfschuss von weiterer Schinderei erlöst. Die letzten fallen im sogenannten „Schlachthauslager" am 9. Dezember noch am Fuß des Beardmore-Gletschers. Die wenigen Hunde schickt Scott bald darauf mit 2 Begleitern heim und zieht mit 4 Genossen, Dr. Wilson, Rittmeister Oates, Leutnant Bowers und Deckoffizier Evans, die schweren Schlitten über den Gletscher hinauf. Er folgt Shackletons Spur. Sie verbrauchen ihre Kraft in denselben Schrunden und den gleichen Gefahren wie ihre Vorgänger und erreichen die Hochebene. Nach schwersten Märschen bei schlechtem Wetter dringen sie weiter vor und erreichen am 16. Januar 1912 89° 42'. Noch ein Tag zum Pol, da sehen sie in der Ferne etwas Seltsames. Klopfenden Herzens eilen sie darauf zu und finden eine schwarze Flagge, Schlittengeleise und Spuren vieler Hundepfoten. Zu spät! Die Norweger haben sie geschlagen im Wettlauf um den Südpol. Eine niederschmetternde Enttäuschung nach übermenschlicher Plage. Am nächsten Tag stehen sie vor Amundsens Polzelt ohne jeden Stolz auf diesen traurigen Beweis der glänzenden Ortsaufnahmen beider Südpolabteilungen. Sie pflanzen ihren „Union Jack" daneben auf und wenden dem entschwundenen Entdeckertraum den Rücken.

„Jetzt auf zum Heimmarsch in verzweifeltem Kampf. Ob wir's wohl schaffen?" lautet Scotts ahnungsschwerer Tagebucheintrag und dann weiter: „Vor uns liegen 1500 km mühsamer Wanderung und trostlosen Schlittenziehens, 1500 km Entbehrung, Hunger und Kälte. Traum meiner Tage — leb' wohl!" Wir wissen, dass noch ein anderes vor ihnen lag. Aber sie kämpften mit der schönen Willenskraft, die den Besten ihres Volkes eigen ist. Sie machen gute Märsche, finden die Proviantlager und kommen zum Rand

Abb. 9: Der Gastrugi genannte scharfe Windharsch.

der Hochebene. Aber nun trifft das ein, was auf langer Strecke ohne Zugtiere den Untergang bedeutet. Evans, scheinbar der Stärkste, bricht zusammen und hält den Marsch auf. Er wird irrsinnig und stirbt. Eine Zugkraft weniger für die Last des Zeltes und der Schlafsäcke. In dem furchtbaren Schrundengebiet des Beardmore-Gletschers müssen sie ihre Rationen verringern. Endlich erreichen sie das lang ersehnte Proviantlager, aber ihre Füße sind so frostwund, dass sie kaum mehr marschfähig sind. Fürchterliche Kälte, Stürme und schlechter Schnee saugen ihnen die letzten Kräfte aus den Knochen. Es mangelt an Heizöl. Rittmeister Oates sieht ein, dass er die drei andern aufhält. Draußen tobt ein tödlicher Blizzard. Er rafft sich auf und sagt: „Ich will einmal hinausgehen und bleibe vielleicht eine Weile draußen." Sie haben ihm nicht wiedergesehen. Die drei letzten schleppen sich noch einige kleine Märsche bei 40° Kälte weiter. Scott erfrieren die Zehen des rechten Fußes. Auf 79° 28', nur 20 km vom Eintonnenlager, 250 von der

56

Hütten-Spitze bannt sie ein neun Tage wütender Schneesturm ins Zelt. Nahrung und Brennstoff gehen zu Ende. Die sterbenden Freunde und den sicheren Tod vor Augen schreibt Scott seine herrlichen Abschiedsbriefe an die eigenen Angehörigen und an die der Freunde, an die Gönner und Förderer seines Südpolunternehmens, mit klarer Begründung des unglücklichen Ausgangs. Er schreibt und schreibt in eisiger Einsamkeit, bis ihm die Hand im Tod erlahmt. Der letzte Eintrag vom 29. März 1912 lautet: „Um Gottes willen — sorgt für die Unsern!" England hat diese Bitte getreulich erfüllt.

Erst nach 8 Monaten konnten die Toten von einer Suchabteilung gefunden werden. „Wilson und Bowers in ihren geschlossenen Schlafsäcken, wie immer, wenn sie sich schlafen legten. Scott starb später. Er hatte die Klappen seines Schlafsacks zurückgeworfen und seinen Rock geöffnet. Die kleine Tasche mit den drei Tagebüchern lag unter Schultern und Kopf, sein Arm umschlang Dr. Wilson." Sechzehn Kilo wichtiger Gesteinsproben vom Beardmore-Gletscher wurden auf den Schlitten beim Zelt gefunden. Wer so heldenhaft im Dienste eines hohen Gedankens stirbt, ist nicht umsonst gestorben. England wird die Gedanken seiner Jugend immer mit stolzem Schmerz auf den einsamen Schneehügel weisen, der die sterblichen Reste dieser Ehrenmänner bewahrt.

IV. Die letzten Eintragungen in Kapitän Scotts Tagebuch

Das Ziel vor Augen: der Pol

Abb. 10: Eine der letzten Aufnahmen von Scott (1911) vorm Aufbruch zum Südpol.

Donnerstag, 4. Jan. 1912. Nach dem Abschied von unsern Gefährten legten wir 5, die letzten Überbleibsel meiner Expedition, bis 7 Uhr abends einen Marsch von 23 Kilometer zurück, und ich sah mit großer Befriedigung, dass es uns nicht allzu schwer ward, die notwendige Durchschnittsgeschwindigkeit einzuhalten. Am Nachmittag gerieten wir leider auf sandartigen Schnee – ein saures Stück Arbeit!

5. Jan. Ein entsetzlich anstrengender Tag. Leichter Wind trieb losgerissene Wolken heran, und seiner Schnee fiel unaufhörlich. Dadurch wurde der Weg so schlecht wie nur denkbar! Um 7 Uhr abends hatten wir 23 Kilometer hinter uns, die anstrengendsten, die wir bisher auf dem Plateau erlebten. Immerhin: Wir sind dicht vor dem 88. Breitengrad. Das Kochen für 5 Personen dauert übrigens ½ Stunde länger als das für 4. Hieran hatte ich bei der Neuordnung meiner Gesellschaft gar nicht gedacht. –

Wir brachten es heute in der Stunde nur auf wenig mehr als 2 Kilometer. Wie endlos lange dauert das, bis die Schatten langsam um uns herumkriechen, von unserer rechten Seite nach vorne rücken und dann von vorne wieder nach links hinüberschleichen! An wie viel tausend Dinge denkt man auf diesen eintönigen Märschen! Und was baut man für Luftschlösser in der Hoffnung, dass der Pol uns gehöre!

6. Jan. Gestern abend gerieten wir zwischen Schneefahnen – heute morgen wurden sie höher, und bald waren wir mitten in einem Meer von Eiswellen, die sich wie Angelhaken um unsere Füße legten; wir kennen sie nur zu gut! Nach den ersten 1 ½ Stunden schnallten wir unsere Schneeschuhe ab und zogen zu Fuß. Stellenweise ging es furchtbar mühsam. Am Nachmittag wurde es nicht besser, im Gegenteil! Als wir ungefähr eine Stunde marschiert wa-

ren, entdeckten wir, dass ein Schlafsack vom Schlitten gefallen war. Der Zwischenfall kostete uns mehr als eine Stunde. Wir brachten es daher heute nur auf 20 Kilometer, aber es war wohl die anstrengendste Zugarbeit, die wir je gehabt. Unsere Schneeschuhe wollen wir zurücklassen, weil sie uns hier voraussichtlich zerbrechen. In 2 Tagen wollen wir unsere Last erleichtern, indem wir noch ein Depot errichten; jedenfalls das letzte.

Sonntag, 7. Jan. Höhe 3220 Meter. Die Wechselfälle unseres Weges sind verblüffend! Gestern abend ließen wir unsere Schneeschuhe zurück. Heute morgen machten wir in 40 Minuten fast 2 Kilometer, und die Schneefahnen verschwanden allmählich! Wir kehrten also wieder um und holten die Schneeschuhe, die ich jetzt auf alle Fälle bei mir behalten will; dadurch gingen uns fast 1 ½ Stunden verloren. Als wir uns aber wieder in Marsch setzten, merkte ich zu meinem Schrecken, dass wir jetzt wieder auf Schneeschuhen den Schlitten kaum vorwärts bewegen konnten, weil sandartiger Schnee die Oberfläche bedeckte. Wir ließen aber nicht nach, und später machten wir auch bessere Fortschritte, doch es blieb eine grauenhaft schwere Arbeit, und wenn wir auch am Nachmittag 9 Kilometer hinter uns brachten, so ändert das nichts an der Tatsache: Das war heute der kürzeste Marsch bisher hier auf der Höhe! Solch aufreibende Märsche aber können wir unmöglich lange aushalten. Doch kann der Weg nicht so bleiben, und morgen deponieren wir Vorräte auf 8 Tage.

Auf Schneeschuhen ermüdet das Marschieren doch weniger. Bowers, der zu Fuß geht, hat es sehr schwer, aber ihn scheint nichts anzugreifen. Evans hat sich beim Zusammensetzen der Schlitten eine böse Schnittwunde an der Hand geholt; hoffentlich wird sie nicht schlimmer.

8. Jan. Wir konnten nicht weiter, denn wir hatten unsern ersten Orkan auf der Höhe. Evans' Hand wurde heute Morgen verbunden; Ruhe wird ihr gut tun. Doch länger als einen Tag dürfen wir nicht stillliegen, nicht nur wegen des Zeitverlustes, auch wegen der Lebensmittel und der langsamen Eisansammlung im Zelt und auf unsern Sachen. Wenn wir nur morgen aufbrechen können! –

9. Jan. Als wir aufstanden, stürmte es noch, aber nach dem zweiten Frühstück konnten wir weiterziehen, zwar bei schlechtem Licht, aber auf guter Oberfläche, das Marschieren wird nachgerade schrecklich einförmig. Wir könnten noch ein Depot hinterlassen, aber es ist uns etwas sehr Verdrießliches widerfahren: Bowers' Uhr geht auf einmal 26 Minuten nach; sie mag infolge der Kälte stehengeblieben sein. Das erschwert uns die Berechnung der Entfernungen und mahnt zur größten Vorsicht, besonders da der Orkan unsere Spur fast völlig verwischt!

10. Jan. Schrecklich mühsamer Marsch am Morgen! Wir beschlossen, nun doch auf 88° 29' noch ein letztes Depot, das Anderthalb-Grad-Depot, zu hinterlassen: Lebensmittel für 1 Woche und Kleidungsstücke. Mit Letzteren sind wir jetzt so knapp ausgerüstet, dass wir nur noch eben bekleidet sind. Mit Lebensmitteln auf 8 Tage zogen wir weiter. Gestern noch hätte ich darauf geschworen, dass wir unser Ziel erreichen würden, aber heute spottete der Weg jeder Beschreibung. Immer nur sandartiger Schnee, und wenn die Sonne schien, war es trostlos. Wenn das so weiter geht, halten wir es nicht aus! Bloß 20 Kilometer heute! Nur noch 157 Kilometer bis zum Pol! Aber der Rückweg wird auch nicht besser sein! –

11. Jan. Während der ersten Stunden heute konnten wir doch wenigstens den Schlitten vorwärtsbringen; dann aber trat die Sonne aus den Wolken, und nun war es einfach zum Verzweifeln. So etwas haben wir noch nicht erlebt! Der Schlitten schrammte und krachte beängstigend. Der Schnee wird weicher, je weiter wir kommen; die Schneefahnen sind manchmal hoch und unterhöhlt, aber nicht hart – keine Kruste wie auf der Barriere. – Noch 137 Kilometer bis zum Pol – aber können wir das noch ganze 7 Tage aushalten? 7 Tage? –

12. Jan. Wieder ein schwerer, schwerer Marsch: Am Nachmittag zogen Wolken mit leichtem, kaltem Wind von Westen herauf, und einige Minuten lang fühlten wir zu unserm Entzücken, dass uns der Schlitten von selber folgte. Ach, ein paar Minuten später war es trotz der Verfinsterung der Sonne schlechter als je. Ich hatte schon gefürchtet, dass unsere Kraft sich gefährlich verringert habe; aber diese wenigen Minuten bewiesen, dass uns nur eine gute Oberfläche fehlt, um wieder frisch und fröhlich wie früher ziehen zu können.

Als wir heute Abend das Lager aufschlugen, fröstelte uns allen, obgleich die Temperatur höher war als gestern, 27 ½ Grad! Wie kommt es, dass wir plötzlich die Kälte so fühlen? Vielleicht – infolge unserer Erschöpfung?

13. Jan. 89° 9' südlicher Breite. Höhe 3130 Meter. Wieder ein Tag mit voller Kilometerzahl! Unmöglich ist es nicht! – Nur noch 94 Kilometer vom Pol heute Abend! Wenn wir nicht hingelangen, so kommen wir doch verteufelt nahe.

Sonntag, 14. Jan. Die Sonne stand den ganzen Tag hindurch undeutlich am bedeckten Himmel, und ein angenehmer Südwind wirbelte nur wenig Schnee auf. Infolgedessen war die Oberfläche etwas besser, und wir kamen in gleichmäßigem Schritt 22 Kilometer weiter. Aber das Einhalten der Richtung war schrecklich schwierig; oft sah ich überhaupt nichts mehr, und Bowers schob mich an der Schulter *den richtigen Weg vorwärts. Wieder spürten wir empfindliche Kälte. Oates scheint mehr als wir andern unter Kälte und Anstrengung zu leiden, aber sonst sind wir alle wohl und munter. Nur noch 70 Kilometer! Kämen doch nur ein paar schöne Tage! Das Ziel liegt vor uns, zum Greifen nahe, und nur das Wetter versperrt uns den Weg!*

<u>15. Jan.</u> Während der Nacht wurde die Luft vollständig klar, und die Sonne schien aus gänzlich wolkenlosem Himmel herab. Der leichte Wind hatte sich gelegt, und die Temperatur war auf 32° heruntergegangen. Das bedeutet schweres Ziehen! sagte ich mir, und ich hatte nur zu richtig geraten. Die Oberfläche war schrecklich, aber wir gewannen in 4 ¾ stündiger Arbeit 11 Kilometer. Doch waren wir alle ziemlich erschöpft, als wir das Lager aufschlugen, und hinterließen deshalb hier unser letztes Depot – nur Proviant auf 4 Tage und ein paar Kleinigkeiten. Nach dem zweiten Frühstück glitt der Schlitten erstaunlich leicht vorwärts – teils infolge des geringen Gewichtes, teils auch, weil er richtig beladen war, hauptsächlich aber infolge unserer stärkenden Rast. Jedenfalls machten wir einen großartigen Nachmittagsmarsch von 11 ½ Kilometer.

Ein wunderbarer Gedanke, dass nur noch 2 Märsche uns an den Pol bringen werden. Nur noch lumpige 50 Kilometer. Wir müssen hinkommen, koste es, was es wolle! Jetzt schreckt mich nur noch die eine furchtbare Möglichkeit, dass die norwegische Flagge vor der unsern dort flattern könnte!

Eine furchtbare Enttäuschung

<u>Dienstag, 16. Jan. 1912.</u> Das Furchtbare ist eingetreten – das Schlimmste, was uns widerfahren konnte! –

Wir machten am Vormittag 14 Kilometer. Am Nachmittag brachen wir in gehobener Stimmung auf, denn wir hatten das sichere Hochgefühl, morgen unser Ziel zu erreichen. Nach der zweiten Marschstunde entdeckten Bowers' scharfe Augen etwas, das er für ein Wegzeichen hielt. In wortloser Spannung hasteten wir weiter – uns alle hatte der gleiche furchtbare Verdacht durchzuckt, und mir klopfte das Herz zum Zerspringen. Eine weitere halbe Stunde verging – da erblickte Bowers vor uns einen schwarzen Fleck! Ein Schneegebilde war das nicht – konnte es nicht sein! Geradeswegs marschierten wir darauf los, und was fanden wir? Eine schwarze, an einem Schlittenständer befestigte Flagge! In der Nähe ein verlassener Lagerplatz – Schlittengleise und Schneeschuhspuren kommend und gehend – und die deutlich erkennbaren Eindrücke von Hundepfoten – vieler Hundepfoten – das sagte alles. Die Norweger sind uns zuvorgekommen – Amundsen ist der erste am Pol!

Eine furchtbare Enttäuschung! Aber nichts tut mir dabei so weh, als der Anblick meiner armen, treuen Gefährten! All die Mühsal, all die Entbehrungen, all die Qual – wofür? Für nichts als Träume – Träume über Tage, die jetzt zu Ende sind. –

An Ruhe war in dieser Nacht, nicht zu denken! Schon die Aufregung ließ uns nicht schlafen, die Aufregung über diese Entdeckung des schon entdeckten Pols! Alle Gedanken, die in uns aufstiegen, alle Worte, die fielen, alles endete mit dem einen Furchtbaren: zu spät! Und als es dann still wurde im Zelt – da brüteten wir gewiss alle über der einen finsteren Vorstellung: Mir graut vor dem Rückweg! –

<u>17. Jan.</u> Der Südpol. Unter wie andern Umständen hatten wir diesen Augenblick seit Monaten herbeigesehnt! Ein grauenhafter Tag liegt hinter uns – einmal die Enttäu-

schung, dann ein Wind, der bei 30° Kälte uns grade entgegenwehte. Wir brachen um 7 Uhr 30 auf, denn keiner hatte in dieser schauderhaften Nacht geschlafen, und folgten den Schlittengleisen der Norweger. Auf einer Strecke von 5 Kilometer kamen wir an 2 kleinen Wegmalen vorüber. Dann trübte sich plötzlich das Wetter, und da die Spuren zu weit westwärts führten, beschloss ich, meinen Berechnungen gemäß direkt nach dem Pol zu ziehen. Aber gegen Mittag hatte Evans so eiskalte Hände, dass wir das Lager aufschlagen mussten, um zu frühstücken. Dann zogen wir weiter und legten 12 Kilometer in südlicher Richtung zurück. Es ging etwas abwärts, wie mir scheint; aber vor uns geht es offenbar von Neuem bergan. Sonst ist hier nichts zu sehen – nichts, was sich von der schauerlichen Eintönigkeit der letzten Tage unterschiede. Großer Gott! Und an diesen entsetzlichen Ort haben wir uns mühsam hergeschleppt und erhalten als Lohn nicht einmal das Bewusstsein, die ersten gewesen zu sein!

Doch – es ist immerhin etwas, so weit vorgedrungen zu sein, und der Wind mag sich morgen als unser Freund erweisen. Trotz Ingrimm und Kummer haben wir ein fettes Polarragout verspeist und fühlen uns innerlich ganz behaglich – als Extraspeise gab es eine Tafel Schokolade und den ungewohnten Genuss einer Zigarette, die Wilson bis hierher mitgebracht hatte. Jetzt handelt es sich nur um schleunigsten Rückmarsch! Es gilt einen verzweifelten Kampf!

18. Jan. Wir stellten fest, dass wir noch ungefähr 6 Kilometer vom Pol entfernt waren. Ziemlich genau in dieser Richtung erblickte Bowers ein Zelt. Dieses Zelt haben wir eben erreicht. Es ist 2 ¾ Kilometer vom Pol entfernt und enthielt einen kurzen Bericht über die Anwesenheit der Norweger, die schon am 16. Dezember 5 Mann hoch hier waren. Das Zelt ist hübsch – ein kleines, kräftiges Ding, das nur von einer einzigen Bambusstange gestützt wird. Ein Zettel Amundsens bittet mich, einen Brief an König Haakon von Norwegen zu befördern! Ich steckte ihn zu mir und hinterließ einen Zettel mit der Mitteilung, dass ich mit meinen Gefährten hier gewesen sei. Mittags waren wir nur 1 oder 1 ½ Kilometer vom Pol entfernt; daher nannten wir dieses Lager das Pollager, errichteten hier ein Wegzeichen, steckten unsere Flagge, den armen, zu spät gekommenen „ Union Jack“, auf und photographierten uns – alles eine mächtig kalte Arbeit. Dann sahen wir nicht ganz 1 Kilometer südwärts eine abgenutzte Schlittenkufe aufrecht im Schnee stecken; sie wurde als Stange für ein Wachstuchsegel benutzt; sie sollte jedenfalls die genaue Stelle des Pols bezeichnen, so gut, wie die Norweger ihn bestimmen konnten. Ich glaube, sagen zu können: Der Südpol liegt ungefähr 2900 Meter hoch; merkwürdig genug, wenn man bedenkt, dass wir uns auf dem 88. Breitengrad etwa 3200 Meter hoch befunden haben. –

Wir aber haben jetzt dem treulosen Ziel unseres Ehrgeizes den Rücken gekehrt. Vor uns liegt eine Strecke von 1500 Kilometer mühsamer Wanderung – 1500 Kilometer trostlosen Schlittenziehens – 1500 Kilometer Entbehrung, Hunger und Kälte! Traum meiner Tage – leb wohl!

Ein verzweifelter Kampf

__Freitag, 19. Jan. 1912.__ Rückmarsch. Gestern Nachmittag 13 Kilometer, heute 34. Zu Anfang unseres heutigen Marsches stießen wir auf ein nortwegisches Wegmal und unsere zum Pol führenden Gleise; sie brachten uns wieder an die verhängnisvolle schwarze Flagge, die uns zuerst vom Erfolg unserer Vorgänger unterrichtete. Wir haben sie herausgezogen, um die Stange für unser Segel zu benutzen.

Dies ist einstweilen das letzte, was wir von den Norwegern gesehen haben. Die letzten Stunden am Nachmittag waren recht mühsam, trotz unserer leichten Last und des windgefüllten Segels. Das Wetter ist ganz sonderbar! Dicke Schneewolken, die uns das Tageslicht rauben, ziehen von Süden her über uns weg, und ohne Unterlass rieseln seine Kristalle hernieder, die den Weg völlig verderben; zwischendurch macht die Sonne kurze Besuche, und der Wind dreht sich nach Südwest. Die Schneewehen scheinen wie Sanddünen von Ort zu Ort zu wandern. Unsere alte Spur ist fast ganz verweht, und schon haben sich gezähnte Schneefahnen über den alten Gleisen gebildet! Dabei sind sie nur 3 Tage alt, während die Spur der Norweger noch jetzt, nach einem Monat, sichtbar ist! Unerklärlich!

Mit dem Wind marschieren ist wärmer und angenehmer; und doch kommt es mir so vor, als ob wir jetzt bei jedem Stillstehen und im Lager die Kälte weit mehr fühlen, als auf dem Hinweg! Unsere Wegmale finden wir leicht wieder; aber solange wir nicht das „Drei-Grade-Depot" erreicht haben (noch über 280 Kilometer), werde ich die quälende Unruhe nicht los sein.

20. Jan. Der Wind legt sich heute Nachmittag gut ins Segel; aber später wurde die Oberfläche außergewöhnlich schlecht; der Treibschnee lag in großen Haufen und klebte fest an den Schneeschuhen. Das Ziehen wurde dadurch schauderhaft, aber wir hielten nicht an und schlugen unser Lager erst jenseits unseres Wegmals vom 14. auf. Ich fürchte, morgen wird es noch schlimmer! Glücklicherweise hält sich der Wind! Wenn nur endlich Bowers seine Schneeschuhe wieder hätte! Diese langen Märsche bei seinen kurzen Beinen! Das bringt nur so ein zäher Sportsmann wie er fertig. Oates scheint unter Kälte und Anstrengungen mehr zu leiden als wir andern. Gesamtresultat heu-

te: 34 Kilometer. *Es hängt jetzt alles davon ab, ob wir dies gute Marschtempo beibehalten können; ich glaube, ja – und dann werden wir unser Schiff schon noch erreichen.*

Sonntag, 21. Jan. Wir erwachten bei starkem Orkan; die Luft war schneedick und die Sonne trübe. Um nicht die Spur zu verlieren, blieben wir liegen, gefasst auf wenigstens einen Tag Aufenthalt. Aber über Mittag klärte es sich plötzlich auf, und der Wind flaute zu leichter Brise ab. Dennoch konnten wir erst um 3 Uhr 45 aufbrechen, denn unsere Sachen waren steifgefroren, und trotz der Hilfe des Windes schleppten wir uns in 4 Stunden nur 10 Kilometer vorwärts. Spalten sehen wir ziemlich deutlich, aber unsere Wegmale erst, wenn wir etwa 1 Kilometer davor sind. 83 Kilometer bis zum Anderthalb-Grade-Depot mit Proviant auf 6 Tage – dort finden wir Lebensmittel auf 7 Tage für die 167 Kilometer zum „Drei-Grade-Depot". Sind wir einmal dort, dann ist alle Angst vorüber.

22. Jan. Wir machten uns genau um 8 Uhr auf den Weg und sind reichlich 9 Stunden marschiert, haben auch 27 Kilometer zurückgelegt – aber bei Gott! es war eine Schinderei! Und als gar während der letzten Nachmittagsstunden die Sonne durchdrang, wurde der Schnee fast augenblicklich weich und klebrig.

Die Lage wird ernst

23. Jan. Beim Aufbrechen wenig Wind und mühsamer Marsch. Dann aber 16 Kilometer bei orkanartigem Sturm. Unsere alten Spuren sind auffallend deutlich – ein großes Glück! Nachmittags konnten wir ein ganzes Segel aufsetzen. Bowers blieb am Schlitten, während sich Evans und Oates mit längeren Leinen vorspannten. So kamen wir sehr geschwind vorwärts und hätten bis zum nächsten Depot für morgen nur noch einen bequemen Marsch gehabt – da sah Wilson plötzlich, dass Evans' Nase erfroren war – sie war weiß und hart. Deshalb mussten wir um 6 Uhr 45 haltmachen. Evans' Finger sind voll böser Frostbeulen. Er ärgert sich über sich selbst – kein gutes Zeichen. Wenn wir nur erst die Höhe hinter uns hätten! Noch 25 Kilometer bis zum „Anderthalb-Grade-Depot" – wir müssten es morgen erreichen.

<u>24. Jan.</u> Unsere Lage wird ernst. Ein Orkan zwang uns am Mittag, in unsere Schlafsäcke zu kriechen. Beim Aufschlagen des Zeltes erstarrten uns die Finger zu Eis! Nur noch 12 ½ Kilometer bis zum Depot, und ich war gestern fest überzeugt, dass wir es heute Abend erreichen würden! Das ist der zweite regelrechte Orkan, seit wir den Pol verließen. Kommt ein Wettersturz? Dann möge uns Gott helfen, denn der Zug über die Höhe ist fürchterlich, und unsere Lebensmittel sind knapp.

<u>25. Jan.</u> Gott sei Dank! Wir haben das „Anderthalb-Grade-Depot" gefunden! Da wir gestern Nachmittag und die ganze Nacht in unsern Schlafsäcken lagen, frühstückten wir erst später, um uns ohne zweite Mahlzeit behelfen zu können. Aber nachher trat die Sonne hervor, und wir konnten die alten Gleise unterscheiden. Ausgraben des Schlittens und Abbrechen des Lagers war eine langwierige, schrecklich kalte Arbeit. Wir machten uns diesmal ohne Segel und alle Mann vorgespannt auf den Weg. Um 2 Uhr 30 sahen wir zu unserer Freude die rote Depotfahne! Mit Vorrat auf 9 ½ Tage zogen wir weiter, und um 8 Uhr abends hatten wir über 22 Kilometer zurückgelegt. Bis zum nächsten Depot nur noch 165 Kilometer – aber es wird hohe Zeit, dass wir von diesem Plateau herunterkommen! Es steht nicht gut um uns: Oates' kalte Füße – Evans' Finger

und Nase – und heute Abend hat Wilson qualvolle Augenschmerzen.

26. Jan. Wir brachen erst um 8 Uhr 50 auf, obgleich ich ziemlich früh geweckt hatte; solche Verzögerungen dürfen nicht wieder vorkommen! Bei kräftigem Wind, aber viel Treibschnee kamen wir gut bis an unser altes Orkanlager vom 7. Aber von da ab war die Spur völlig verwischt, und da jetzt 2 Wegmale mit 7 Kilometer Zwischenraum kommen mussten, waren wir ziemlich unruhig. Endlich entdeckten wir das eine zu unserer Rechten, während Bowers mit seinen scharfen Augen bald auch einen Schimmer des zweiten weiter links gewahrte. Beim zweiten Wegmal fanden wir auf den harten Schneefahnen wieder unsere alte Spur.

27. Jan. Wilson und ich zogen als Vorspann auf Schneeschuhen, die übrigen zu Fuß. Es war eine verzwickte Geschichte, denn unsere Spur war nur sehr schwach zu erkennen – 1 oder 2 Fuß aufgeworfene Schlittengleise, etliche Meter der eingedrückten Spur des Rades, das die Schlittengeschwindigkeit registriert, oder einige beiseitegeschobene harte Schneeschollen waren alles, woran wir uns zu halten hatten. Auf dem Hinweg mussten wir stets darauf achten, den größten Erhebungen auszuweichen – das rächt sich nun, denn der Kurs geht sehr im Zickzack. Das ewige Anhalten, um uns abzuschirren und die Spur zu suchen, hat uns ein paar Kilometer gekostet. Unser Proviant reicht noch auf eine gute Woche. Aber wirklich ausgiebige Kost winkt uns erst am Ponyfutterdepot. Noch ein weiter Weg – und bei Gott! eine fürchterliche Anstrengung!

Sonntag, 28. Jan. Hier herum war auf dem Hinweg dreierlei verloren gegangen! Oates' Pfeife, Bowers' Fellhandschuhe und Evans' Nachtstiefel. Stiefel und Fausthandschuhe lasen wir auf dem Wege auf, und heute Abend *fand sich auch die Pfeife, die unweit unseres Zeltes ganz friedlich und frei im Schnee lag. Hätten wir nur erst die nächsten Depotvorräte glücklich auf dem Schlitten! Wir werden immer hungriger und sind schon recht abgemagert, besonders Evans, aber verbraucht fühlt sich noch keiner. Essen und Trinken sind jetzt die Hauptgegenstände unserer Unterhaltung.*

29. Jan. Großartiger, 36 Kilometer weiter Marsch, davon 19 am Vormittag! Dank dem hilfreichen Wind und den klaren Spuren! Kurz vor Mitternacht stießen wir auf die Spur der zuletzt zurückgekehrten Hilfsabteilung; von jetzt an werden also 3 Schlittenfährten uns begleiten. Nur noch 44 Kilometer zum „Drei-Grade-Depot" – 1 ½ leichte Tagemärsche! Wenn morgen ein schöner Tag ist, kann es keine Anstrengung mehr kosten.

30. Jan. Gott sei Dank, wieder ein guter Marsch – 35 Kilometer! Das letzte Wegmal vor dem Depot liegt hinter uns, die Spur bleibt deutlich, das Wetter gut, der Wind hilfreich, es geht bergab – ein bisschen Glück noch, und wir haben morgen Vormittag unser Depot erreicht! Wenn nur nicht die Kehrseite der Medaille so ernst wäre! Wilsons eines Bein ist geschwollen infolge der Überanstrengung; es schmerzte den ganzen Tag, und Evans hat heute an zwei Fingern die Nägel verloren: seine Hände sehen furchtbar aus, und Mutlosigkeit hat ihn gepackt; er, der Heiterste von uns allen, war schon seit dem 23. Januar nicht mehr recht bei Stimmung. Mit kranken Fingern könnten wir schon weiter, aber wenn Wilsons Bein nicht besser wird, steht es schlimm.

31. Jan. Wir erreichten beizeiten das „Drei-Grade-Depot", luden seinen Inhalt auf und rasteten eine Stunde später. Nachmittags wurde die Oberfläche schrecklich, und der Wind flaute bis auf ein südliches Lüftchen ab. Dass das gerade jetzt, wo wir nur 4 zum Ziehen sind, passieren muss! Wilson hat sein Bein nach Möglichkeit geschont, indem er ruhig neben dem Schlitten herging, und fühlt sich heute Abend besser. Aber – ein krankes Glied in der Gesellschaft ist für die andern eine harte Geduldsprobe! – Heute Abend nahmen wir Bowers' Schneeschuhe mit, die wir am 31. Dezember zurückgelassen – Gott sei Dank, das letzte, was wir auf der Höhe zu finden haben! Jetzt führt unser Weg direkt nordwärts, und der Wind kann gar nicht stark genug blasen.

Donnerstag. 1. Febr. 1912. Eine schwere Plackerei heute: sehr schlechte Oberfläche – sandartige Schneewehen – mühsames Ziehen! Wir quälten uns bis nach 8 Uhr abends und erreichten eben das Wegmal vom 29. Dezember. Wir essen 1/7 mehr, was einen kolossalen Unterschied ausmacht, und haben doch Proviant genug auf 8 Tage. Wilsons Bein ist viel besser, aber Evans' Finger sind sehr schlimm; noch zwei Nägel gingen ab, und die Beulen brechen auf.

2. Febr. Heute kam uns auf einem steilen Abhang der Schlitten auf die Fersen und stieß uns einen nach dem andern in den Schnee. Wir schnallten die Schneeschuhe ab und taumelten zu Fuß so schnell vorwärts, dass wir um ½ 2 Uhr 17 Kilometer hinter uns hatten. Von Mittag ab begleitete uns eine seltsame Erscheinung: Unsere alten Spuren waren verschneit, aber der darin zusammengewehte Schnee bildete einen erhöhten Fußweg, an dem wir entlangzogen. Am Nachmittag kamen wir an den Abhang, auf dem wir am 28. Dezember mit den Schlitten getauscht hatten. Alles ging gut, bis ich bei dem Bemühen, mich auf dem glatten Boden zu halten, einen bösen „Kopfsprung" machte und schwer mit der Schulter aufschlug. Nun beherbergt unser Zelt unter 5 Mann 3 Patienten! Dabei stehen uns die *schlimmsten Stellen unseres Weges noch bevor! Und Evans' Finger – – –! 31 Kilometer heute – die reichlichere Nahrung hilft entschieden, aber wir sind trotzdem recht hungrig.*

3. Febr. Ich lief heute wieder auf Schneeschuhen, um nochmaligem Fallen zu entgehen. Rechts erblickten wir ein Wegmal, verloren aber beständig die Spur und sind heute Abend wahrscheinlich in der Nähe unseres Lagers vom 26. Dezember. So geht es nicht weiter; das Suchen nach Gleisen und Wegmalen raubt uns kostbare Stunden; wir wollen daher von jetzt an geradeswegs nordwärts ziehen. – Evans geht es mit seinen Fingern verhältnismäßig nicht schlecht, aber wann wird er wieder tüchtig mit zugreifen können? Wilsons Bein ist viel besser und meine Schulter ebenfalls, obwohl ich oft schauderhafte Stiche darin fühle.

4. Febr. Wir zogen zu Fuß auf guter, fester Oberfläche und legten 18 Kilometer zurück. Gerade vor dem zweiten Frühstück fielen Evans und ich ganz unerwartet gleichzeitig in eine Spalte – Evans schon das zweite Mal; darum ließ ich das Lager aufschlagen. Nachher ging es über eine harte, glänzende Oberfläche etwa 100 Meter abwärts, und wir machten im ganzen 33 Kilometer. Wären wir nur von diesem verwünschten Plateau herunter! Die Temperatur ist um 11° niedriger als auf der Hinreise; unsere Gesundheit bessert sich auch nicht, besonders kann Evans sich gar nicht erholen; nach dem heutigen Sturz wurde er plötzlich völlig stumpf und leistungsunfähig! Was soll daraus werden?!

5. Febr. Ein guter Vormittag mit 19 Kilometer! Aber nachmittags verlegten uns riesige Eisrücken und große, teilweise offene Spalten den Weg, so dass unsere Marschrichtung sehr unregelmäßig wurde. Ohne meine Schneeschuhe wäre es kaum gegangen! Unser heutiges Lager steht in einer wahren Eiswüste, aber der Wind ist hier milder, und es ist zum ersten Mal seit Wochen wieder behaglich im Zelt. Mehr als 55 Kilometer können wir nicht vom obern Gletscherdepot entfernt sein, aber wie wir durch die sich jetzt auftürmenden Hindernisse durchkommen, weiß der Himmel! Unsere Gesichter sind vom Wind wie zerfetzt, meines noch am wenigsten. Evans' Nase ist fast ebenso schlimm wie seine Finger – er ist sehr abgefallen, der Ärmste!

6. Febr. Ein schrecklicher Tag! Schon am Morgen war der Himmel bedeckt – eine furchtbare Gefahr, wenn man rings von Spalten umschlossen ist. Glücklicherweise klärte es sich noch auf, und wir zogen gerade auf den Darwinberg los, aber nach einer halben Stunde standen wir zwischen riesigen, offenen Schlünden, die zwar nicht sehr tief, aber auch nicht überbrückt waren. Wir gingen zwischen zweien nordwärts, aber zu unserm größten Verdruss liefen sie in ein Chaos unpassierbarer Eistrümmer zusammen. Es blieb uns nichts übrig: Wir mussten 2 Kilometer weit zurück! Dann wandten wir uns nach Westen und kamen auf ein wildes Meer von Schneefahnen, wo das Ziehen furchtbar anstrengte; wir setzten das Segel auf; Evans' Nase litt sehr, Wilson fror, und alles war scheußlich. Zu Ende des Marsches hatten wir wenigstens die Gewissheit, dass wir gerade auf unser nächstes Depot lossteuerten. Die Lebensmittel sind knapp, das Wetter unsicher – die Stunden am Tage mehren sich, wo die quälende Sorge nicht weichen will! Evans' Wunden eitern, und manche Anzeichen verraten, dass seine Kraft zu Ende ist.

7. Febr. Oberes Gletscherdepot. Ein gräulicher Tag, aber mit glücklichem Ende! Am Morgen panischer Schrecken durch die Gewissheit, dass eine ganze Tagesration zu

wenig Schiffszwieback vorhanden ist. Bowers regte sich schrecklich darüber auf.

Eine angenehme Botschaft erwartete mich hier im Depot: Ein Zettel von Leutnant Evans mit der Meldung, dass die zweite heimreisende Abteilung am 14. Januar wohlbehalten hier vorübergezogen sei – sie haben also von einem zum andern Depot einen halben Tag mehr gebraucht als wir.

Wohlan! Unsere 7-wöchige Eislagerreise haben wir hinter uns und sind größtenteils gesund geblieben – noch eine Woche mehr hätte für unsern Evans schlimm werden können, denn es geht beständig mit ihm abwärts. Wird sich das Glück auch weiterhin nicht ganz von uns abwenden?

Der Tod zieht ein

<u>*Donnerstag, 8. Febr. 1912.*</u> *Wir zogen ziemlich spät vom obern Gletscherdepot fort, denn wir mussten Schiffszwieback und anderes abwiegen. Der Morgen war gräulich; der Wind wehte heftig und kalt. Gleichviel gingen wir bis zum Darwinberg, um das Gestein zu untersuchen. Dann sausten wir ziemlich schnell bergab, Bowers und ich als Führer in Schneeschuhen, Oates und Wilson zu Fuß neben dem Schlitten und Evans, wie er eben fortkommen konnte. Um 2 Uhr frühstückten wir weiter abwärts nach dem Mount Buckley zu.*

Nachmittags steuerten wir nach der Moräne unterhalb des Mount Buckley hin und mussten mit Hilfe der Steigeisen über einige schroffe Abhänge mit großen Spalten hinwegklettern und nach der Bergseite hinunterrutschen. Diese Moräne war so interessant, dass ich beschloss, den Rest des Tages zu geologischen Untersuchungen zu benutzen. Welche Freude, wieder den Fuß auf eisfreies Gestein zu setzen, nachdem man 7 Wochen lang nichts anderes als Eis und Schnee gesehen hat!

9. Febr. Wir zogen bis an das Ende des Mount Buckley längs des Moränenrandes, ungefähr 24 Kilometer. Aber heute fühlen wir uns alle sehr, sehr schlaff. Wir hätten eigentlich nach dem Gletscher im Norden des Buckleyberges hinziehen müssen, aber in dem schlechten Licht sah uns der Abstieg gar zu schroff aus. Schließlich gerieten wir zwischen böse Eistrümmer und mussten über einen Eisfall hinunter. Die Spalten waren viel bedeutender, als wir erwartet hatten, und der Abstieg machte uns einige Mühe, aber dann stießen wir auf unser Nachtlager vom 20. Dezember.

10. Febr. War das ein herrlicher Schlaf diese Nacht! Unsere Gesichter hatten heute früh einen ganz andern Ausdruck! Leider kamen wir infolge unserer Schläfrigkeit nicht vor 10 Uhr fort. Trotzdem wir zu weit ostwärts gingen und in schwieriges Eis gerieten, machten wir doch einen guten Morgenmarsch. Nachher begann das Land sich zu verdunkeln. Wir hielten noch 2 ½ Stunden mit großer Mühe Kurs, dann aber verschwand die Sonne, und Nordwind trieb uns Schnee ins Gesicht; da es sehr warm und Richtung zu halten unmöglich war, bauten wir unser Zelt auf.

Wir haben noch 2 volle Tagesrationen, wissen aber nicht, wo wir sind – bis zum mittleren Gletscherdepot können es gewiss nicht mehr 2 Tage sein. Wenn sich jedoch das Wetter morgen nicht aufklärt, müssen wir entweder blind darauflos marschieren oder unsere Mahlzeiten einschränken. Doch erst schlafen – schlafen! Wir haben an Schlaf noch viel nachzuholen!

Sonntag, 11. Febr. Der furchtbarste Tag, den wir auf der ganzen Reise erlebten. Und hauptsächlich durch eigene Schuld! Wir zogen auf scheußlicher Oberfläche mit leichtem Südwestwind, aufgesetztem Segel und Schneeschuhen ab – bei trostloser Beleuchtung, die alles verzerrt erscheinen ließ. Plötzlich sahen wir uns zwischen Eistrümmern und fassten den verhängnisvollen Entschluss, ostwärts zu gehen. 6 Stunden marschierten wir in der Hoffnung, eine stattliche Entfernung zurückzulegen, was wir auch jedenfalls getan haben, aber die beiden letzten Stunden führten uns in eine regelrechte Falle. Da wir schließlich doch noch auf gute Oberfläche kamen, dachten wir, es werde so bleiben, und schränkten unser zweites Frühstück nicht ein. Eine halbe Stunde später staken wir in dem größten Eistrümmergebiet, das mir je vorgekommen ist. 3 Stunden lang suchten wir auf Schneeschuhen vergebens einen Ausweg und glaubten schließlich, einen Weg gefunden zu haben. Aber das Eis wurde immer härter, unwegsamer und rissiger, und wir gaben schon alle Hoffnung auf, je aus diesem Eislabyrinth hinauszukommen. Die Schneeschuhe mussten wir ablegen, wir konnten uns kaum mehr auf den Füßen halten; alle Augenblicke fiel einer von uns in eine Spalte hinein. Zuletzt erblickten wir nach dem Lande zu eine glattere Fläche – also dorthin! Wenn es auch noch so weit ist! Das Trümmerfeld veränderte jetzt seinen Charakter; statt der zerfetzten Oberfläche umgaben uns riesige Schlünde, kaum noch zu überschreiten. Aber eine andere Rettung gab es nicht – also vorwärts! Die Verzweiflung lieh uns Mut und Kraft, und um 10 Uhr abends waren wir in Sicherheit.

Ich schreibe dies nach zwölfstündigem, furchtbarem Marsch. Ich glaube, dass wir jetzt auf dem richtigen Wege sind, oder doch ungefähr; aber das Depot ist noch viele Kilometer entfernt! Wir haben deshalb heute Abend unsere Ration verringert. Morgen müssen wir etwas für übermorgen aufsparen, wenn wir nicht sehr große Fortschritte machen. Die heutige Probe zeigte uns, was wir immer noch aushalten können. Wenn nur der Wind morgen so bleibt! – Eine kurze Nacht nur! So früh wie möglich müssen wir fort!

12. Febr. Unsere Lage ist bedenklich! Am Morgen ging alles gut, und gegen Mittag erheiterte uns der Anblick unseres Nachtlagers vom 18. Dezember: Wir waren also auf dem richtigen Weg und nur noch einen Tag vom Depot entfernt. In fröhlichster Zuversicht zogen wir weiter. Aber ein verhängnisvoller Zufall brachte uns zu weit nach links bergauf, in ein gräuliches Gewirr großer Spalten und langer Risse. Von nun an machten geteilte Ansichten unsere Marschrichtung unsicher, und schließlich strandeten wir um 9 Uhr abends an der allerschlimmsten Stelle. Da sitzen wir nun nach kärglichem Abendbrot mit nur noch einer Mahlzeit im Proviantsack! Die Lage des Depots ist uns völlig unklar! Einstweilen betäuben wir uns durch krampfhafte Lustigkeit.

13. Febr. Trotz unserer Sorgen schliefen wir die Nacht über gut; selbst ich, obgleich mich die Unruhe oft aus dem Zelt trieb und ich daher wusste, dass sich der Himmel immer mehr bewölkte und es schließlich zu schneien begann. Erst um ½ 9 Uhr trat das Land beim Wolkenmacher undeutlich hervor. Um 9 tranken wir Tee, aber nur mit Schiffszwieback, um den Rest des Pemmikans noch zu einem dürftigen Mahl für den Notfall aufzusparen. Dann hasteten wir weiter durch das furchtbare Gewirr von zertrümmertem Eis und stießen nach einer Stunde auf die schmutzig braunen Reste einer alten Moräne; von hier an wurde die Oberfläche besser. Der Nebel hing noch überall. Ein Ruf von Evans weckte unsere Lebensgeister: Er glaubte das Depot zu sehen, aber es war nur ein Schatten auf dem Eis! Dann aber entdeckte Wilson die wirkliche Depotfahne!

Der gestrige Tag brachte uns die schlimmste Erfahrung der ganzen Reise, und uns alle hatte ein schauerliches Gefühl der Unsicherheit gepackt. Jetzt sind wir wieder obenauf. Aber wir müssen künftig mit den Vorräten so haushalten, dass wir nicht wieder in solche Notlage geraten, auch wenn das Wetter uns aufhalten sollte. – Bowers hat einen schweren Anfall von Schneeblindheit gehabt, Wilson auch! Evans ist zu schwach, um bei der Lagerarbeit zu helfen.

14. Febr. Eine furchtbare Tatsache, aber unleugbar: Wir können nicht mehr gut marschieren. Wahrscheinlich keiner von uns! Wilsons Bein schmerzt noch, und er wagt sich nicht mehr auf die Schneeschuhe. Am schlimmsten steht es mit Evans. Heute Morgen entdeckte er plötzlich eine riesige Beule an seinem Fuß, und auf dem Marsch mussten wir ihm die Steigeisen immer wieder zurechtschieben – lange kostbare Minuten, die wir nicht wieder einbringen können! Er ist hungrig, und Wilson auch. Aber wir dürfen es nicht wagen, mehr Lebensmittel zu verbrauchen, und ich, gegenwärtig Koch, bringe immer etwas weniger als die ganze Ration auf den Tisch. Wir sind schlaff und langsam bei der Lagerarbeit – das gibt neue Verzögerungen! Ich habe heute Abend den andern eindringlich zugesprochen – hoffentlich wird es nun besser damit. Das untere Gletscherdepot ist noch 55 Kilometer entfernt; und unsere Lebensmittel reichen etwa 3 Tage.

15. Febr. Ein schwerer Marsch von 26 Kilometer heute, aber wir wissen nicht genau, wie weit es noch bis zum nächsten Depot ist. Heute Nachmittag war das Land lange Zeit unsichtbar. Wir haben die Mahlzeiten verringert, die Schlafenszeit gekürzt und fühlen uns ziemlich kraftlos. In spätestens 2 Tagen werden wir das Depot erreichen, hoffe ich bestimmt – wir haben nichts anderes mehr im Sinn – wir können keinen andern Gedanken mehr fassen.

16. Febr. Wir sind in entsetzlicher Aufregung: Evans scheint geistesgestört! Der sonst so selbstbewusste Mann ist ganz verändert; heute ließ er zweimal unter lächerlichen Vorwänden haltmachen! Wir leben von knappsten Rationen, und bis morgen Abend müssen unsere Lebensmittel reichen! Mehr als 18 oder 22 Kilometer können es nicht mehr bis zum Depot sein. Aber das Wetter ist uns in jeder Weise feindlich. Nach dem zweiten Frühstück waren wir wie in Schneelaken eingehüllt, das Land war nur noch eben undeutlich in der Ferne sichtbar. Ereignisse wie die heutigen werden wir zeitlebens nicht vergessen! Vielleicht wird alles noch gut, wenn wir unser Depot morgen ziemlich früh erreichen! Aber mit dem kranken Mann unter uns – ? – die Minuten zum Schlaf sind uns abgezählt – ich kann nicht mehr schreiben.

17. Febr. Ein grauenvoller Tag! Evans sah, nachdem er gut geschlafen hatte, ein wenig wohler aus und versicherte wie immer, dass es ihm sehr gut gehe. Er marschierte, vor den Schlitten gespannt, mit uns ab, verlor aber nach einer halben Stunde den Halt auf den Schneeschuhen und musste abgeschirrt werden. Die Oberfläche war scheußlich, der kürzlich gefallene weiche Schnee blieb in großen Klumpen an Schuhen und Schlittenkufen hängen, der Himmel war bedeckt und das Land verschwommen. Nach etwa einer Stunde machten wir halt, und Evans holte uns ein, aber sehr, sehr langsam. Nach einer halben Stunde blieb er wieder zurück und bat Bowers noch, ihm ein Ende Bindfaden zu leihen. Ich riet ihm, uns möglichst schnell nachzukommen, und er versprach es in einem, wie mir schien, heitern Tone. Als wir dem Monumentfelsen gegenüber waren, sahen wir Evans noch sehr weit zurück; ich ließ deshalb das Lager aufschlagen.

Anfangs waren wir gar nicht unruhig, kochten Tee und setzten uns zum Essen. Als sich dann aber Evans immer noch nicht einstellte, packte uns die Aufregung, und wir liefen alle vier auf Schneeschuhen zu ihm hin. Ich langte zuerst bei ihm an und war entsetzt über sein Aussehen: Mit aufgerissenem Anzug lag er auf den Knien, die Hände nackt und erfroren, und in seinen Augen war ein wilder Blick! Als ich ihn fragte, was ihm fehle, antwortete er in schleppendem Ton, er wisse nicht, was ihm sei, aber er habe wohl einen Ohnmachtsanfall gehabt. Wir richteten ihn auf, aber nach 2 oder 3 Schritten sank er wieder auf den Schnee und zeigte alle Symptome vollständigen Zusammenbruchs. Wilson, Bowers und ich liefen zurück, um den Schlitten zu holen, während Oates bei ihm blieb. Als wir zurückkehrten, war er ohne Bewusstsein, und als wir ihn ins Zelt gebracht hatten, schien er vollkommen schlafsüchtig.

Er erwachte nicht wieder: Um ½ 1 Uhr in der Nacht ist er gestorben. Furchtbar, einen Kameraden so verlieren zu müssen! Aber bei ruhigem Nachdenken mussten wir uns sagen: immer noch ein Glück, dass die entsetzlichen Aufregungen der letzten Woche so endeten. Mit einem Schwerkranken reisen zu müssen hätte für uns alle den Tod bedeutet. –

Nach 1 Uhr nachts packten wir zusammen, zogen über die Presseisrücken abwärts und fanden das untere Gletscherdepot ohne Mühe.

Die letzten Märsche

<u>Sonntag, 18. Febr. 1912.</u> Nach der entsetzlichen Nacht gönnten wir uns beim untern Gletscherdepot 5 Stunden Schlaf und kamen heute gegen 3 Uhr im Schlachthauslager

an. Der reichliche Pferdefleischvorrat hier bot uns ein gutes Abendessen; von jetzt an brauchen wir nicht mehr so sparsam zu sein – vorausgesetzt, dass wir dauernd gute Märsche machen. Mit der reichlicheren Nahrung kehrte auch fast augenblicklich neues Leben in uns zurück; aber die Oberfläche der Barriere macht mir Sorge.

19. Febr. Es war schon über Mittag, als wir uns heute in Bewegung setzten; wir mussten den Schlitten umtauschen, den neuen, den wir im Depot gefunden, mit einem Mast usw. versehen, dazu Pferdefleisch und allerlei persönliche Habe einpacken. Die Oberfläche war so schlecht, wie ich gefürchtet hatte: weicher, sandiger Schnee, auf den die Sonne hell brannte. Nach kurzer Zeit stießen wir auf unsere alte Spur.

Aber mehr als 9 Kilometer brachten wir nicht fertig! Es war ein Ziehen wie über Wüstensand – nicht ein bisschen Gleiten. Wenn das nur nicht so weitergeht! Im übrigen haben sich unsere Verhältnisse gebessert. Unsere Schlafsäcke fangen schon an, in der Sonne zu trocknen, vor allem aber: Wir haben wieder unsere vollen Rationen. Heute Abend gab es eine Art Schmorbraten von Pemmikan und Pferdefleisch, das uns als das beste warme Essen auf der ganzen Schlittenreise erschien.

20. Febr. Dieselbe entsetzliche Oberfläche; 4 Stunden mühsamen Trabens während des ganzen Morgens brachten uns nach unserm Trübsallager, wo wir auf dem Hinweg den 4tägigen Aufenthalt hatten. Wir sahen uns nach mehr Ponyfleisch um, fanden aber nichts! Die Gesamtkilometerzahl des Tages ist 13, und wir haben wieder ein Wegmal hinter uns – aber es geht schrecklich langsam! Wir sind nicht mehr so leistungsfähig wie früher, und die Jahreszeit schreitet immer weiter fort.

21. Febr. Es war finster und bewölkt, als wir uns auf den Weg machten, aber sehr viel wärmer. Schreckliche Plackerei den ganzen Tag, und zeitweise verfielen wir in trübe Gedanken. Es waren Trostblicke, wenn wir auf alte Fährten und Wegmale stießen.

Hier ist nun eine kritische Stelle mit weitem Abstand zwischen den Wegmalen! Wenn wir uns auf ihr zurechtfinden, kommen wir wieder auf die regelrecht bezeichnete Straße und werden mit einem bisschen Glück auch auf ihr bleiben; aber alles hängt vom Wetter ab. Noch auf keinem Marsch haben wir 16 Kilometer mit größerer Schwierigkeit zurückgelegt als heute! So darf es nicht weitergehen!

22. Febr. Es ist eine verwünscht unglückliche Zeit, in der wir heimwärts ziehen! Der nahende Winter kann unsern Rückmarsch noch ernstlich gefährden! Heute früh wehte ein frischer Südost den Schnee vor sich her, und wir verloren sofort die schwache Spur. Ein Wegmal wollte sich auch nicht zeigen. Nachmittags änderte Bowers die Marschrichtung, weil wir zu weit nach Westen geraten seien. Die Karte zeigt, dass wir viel zu weit östlich sind! Bei klarem Wetter wäre der Fehler schnell bemerkt worden. Kann sich dasselbe Versehen nicht jeden Tag wiederholen? Eine düstere Lage!

23. Febr. Wir brachen bei Sonnenschein auf, der Wind hatte sich fast gelegt. Glücklicherweise entdeckte plötzlich Bowers mit seinen wunderbar scharfen Augen ein altes Wegmal. Am Nachmittag fanden wir ein zweites, gingen darüber hinaus und schlugen das Lager nur 4 ½ Kilometer vor dem Depot auf. Wir können es zwar noch nicht sehen, aber – gutes Wetter vorausgesetzt – es auch nicht mehr verfehlen. Daher fühlen wir uns alle ungeheuer erleichtert. Wir legten in 7 Stunden 15 Kilometer zurück, könnten also auf dieser Oberfläche 18 bis 22 marschieren. Die Aussichten sind wieder heller: von hier bis nach Hause wird keine Lücke mehr zwischen den Wegmalen sein.

24. Febr. Wunderschöner Tag – zu schön – eine Stunde nach dem Abmarsch verdarb loser Schnee die Oberfläche gänzlich! Wir erreichten das Depot am Vormittag und fanden die Vorräte in guter Ordnung, nur zu wenig Öl – wir werden sehr sparsam mit dem Brennstoff umgehen müssen. Im übrigen haben, wir heute Abend Proviant auf 10 Tage für weniger als 130 Kilometer bis zum nächsten Depot. Alle Besorgnis darf also schwinden. Der arme Wilson hat einen fürchterlichen Anfall von Schneeblindheit. Wenn wir nur mehr Öl hätten!

Abends. Bin wieder ein wenig mutlos. Das war heute Nachmittag eine wirklich gräuliche Oberfläche, und wir legten nur 7 ½ Kilometer auf unserer Spur zurück. Wir können dies anstrengende Ziehen unmöglich fortsetzen! Das schnelle Zuendegehen dieses Sommers ist ein böses Omen! Es wird ein Wettrennen zwischen Jahreszeit und schlechtem Wetter einerseits und unserer Leistungsfähigkeit und guten Ernährung andererseits.

26. Febr. Beim Abmarsch bedeckter Himmel; trotzdem konnten wir die Spuren und das nächste Wegmal in weiter Ferne deutlich erkennen. Es ging heute ein wenig besser, wir sind 22 Kilometer vorwärtsgekommen. Bowers und Wilson waren Vorspann. Es ist geradezu eine Erholung, im zweiten Glied zu ziehen und nicht auf die Spur achten zu müssen. Wir haben jetzt sehr kalte Nächte und morgens zu Anfang des Marsches immer kalte Füße, weil unsere Schuhe nachts nicht trocknen. Wir müssten noch reichlicher zu essen haben, besonders Fett! Hoffentlich finden wir 80 Kilometer weiter im nächsten Depot so viel Vorrat, dass wir mehr verbrauchen können. Und der knappe Ölvorrat macht mich auch besorgt!

27. Febr. Die letzte Nacht war verzweifelt kalt: 36°, als wir aufstanden. Wir müssen uns unbedingt reichlicher ernähren. Wir sprechen kaum noch von etwas anderm als vom Essen, nur nicht unmittelbar nach den Mahlzeiten.

Das Land verschwindet uns endlich aus dem Gesicht! Wollte Gott, dass wir keine Rückschläge mehr hätten! Wir sprechen natürlich immer über die Möglichkeit, die Hundeabteilung zu treffen. Beim nächsten Lager sind wir vielleicht schon in Sicherheit!? Bis zum Depot noch 57 Kilometer – zur Not noch 3 Tage Brennstoff und auf 6 Tage Proviant. Die Dinge fangen an, ein bisschen besser auszusehen; von morgen Abend an werden wir wohl etwas mehr essen können.

28. Febr. Bei leichtem Nordwestwind traten wir heute unsern Marsch an – und bei lähmender Kälte von 35 ½°. Viel kalte Füße heute Morgen; aber wir sind früher aufgebrochen und werden früher das Lager aufschlagen, so dass uns wenigstens die Möglichkeit einer guten Nachtruhe winkt. Solange wir aber das Depot nicht erreicht haben, steht es bedenklich, und je mehr ich darüber nachdenke, desto deutlicher wird mir, dass es auch nach dem Eintreffen dort wohl noch so bleiben wird! Eins steht fest: Der mittlere Teil der Barriere ist ein grauenvoller Ort!

29. Febr. Entsetzliche Kälte beim Aufbrechen. Wir hatten uns auf einen schauderhaften Marsch gefasst gemacht, und anfangs wurde er auch so. Dann ging es besser, und wir kampierten nach 5 ½ Stunden dicht neben einem alten Frühstückslager. Das nächste Lager ist unser Depot, es liegt genau 24 Kilometer von hier. Nur noch ein schöner Tag! Das Öl wird eben bis dahin reichen, und wir werden dort noch mit Lebensmitteln für 3 Tage eintreffen. Die Vergrößerung unserer Ration hat eine außerordentlich wohltätige Wirkung gehabt.

1. März. Wir machten uns um 8 auf den Weg und sind bis zu einer Stelle marschiert, von wo aus wir die Depotfahne schon flattern sehen können. Gestern war es ein mörderisches Ziehen und heute noch mehr! Sonst ist das Wetter wunderbar schön, wolkenlose Tage und Nächte und unbedeutender Wind. Nur ist es unser Pech, dass dieser Wind grade aus Norden kommt und uns gräulich durchkältet.

2. März. Ein Unglück kommt selten allein. Wir marschierten gestern Nachmittag ziemlich bequem zum Depot, und nun haben uns drei furchtbare Schläge getroffen, die alle meine Hoffnungen über den Haufen werfen. Erstens fanden wir zu wenig Öl vor, selbst bei strengster Sparsamkeit reicht es kaum für die 131 Kilometer bis zum nächsten Depot! Dann zeigte uns Oates seine Füße: seine Zehen sind augenscheinlich erfroren. Der dritte Schlag kam in der Nacht: Das Thermometer ging unter 40° hinunter, und heute Morgen brauchten wir zum Wechseln unserer Fußbekleidung 1 ½ Stunden! Trotzdem machten wir uns vor 8 Uhr auf den Weg, aber wir verloren Wegmale und Spuren aus dem Gesicht. Und das Schlimmste von allem: Die Oberfläche ist einfach grauenhaft! trotz des starken Windes und des gefüllten Segels haben wir nur 10 Kilometer zurückgelegt. Wir können die unbedingt nötigen Märsche nicht mehr ausführen und leiden entsetzlich unter der Kälte!

Ein Opfer aus Verzweiflung

Sonntag, 3. März 1912. Wir fanden gestern die Gleise wieder und legten fast 18 Kilometer zurück. Aber heute ist es geradezu zum Verzweifeln! Nach der ersten Stunde, die uns mit günstigem Wind schnell vorwärtsbrachte, spottete die Oberfläche jeder Beschreibung. Wind und alles drehte *sich uns entgegen – nach 4 ½ Stunden mussten wir haltmachen; nur 8 ½ Kilometer weiter! Wir haben keine Schuld daran – wir haben getan, was wir konnten – die Oberfläche mit ihrem klebrigen Schnee hielt uns zu fest, und oft war der Sturm so heftig, dass wir den Schlitten nicht von der Stelle bringen konnten. Gott steh' uns bei! Aber diesen Anstrengungen sind wir nicht gewachsen! Keiner von uns kann das noch glauben; keiner zwar spricht ein Wort davon, und zueinander sind wir immer unendlich heiter – aber was jeder in seinem Herzen fühlt, ist nicht schwer zu erraten.*

4. März. Wie stets vergaßen wir gestern Abend unsere Sorgen, krochen in die Säcke, schliefen nach gutem Essen vorzüglich, wachten auf, aßen wieder und traten dann unseren Marsch an. Den ganzen Morgen haben wir mit Aufbietung all unserer Kräfte nur 6 ½ Kilometer zurückgelegt! Unsere einzige Hoffnung ist starker, trockner Wind – aber um diese Zeit des Jahres?! Das nächste Depot ist 78 Kilometer entfernt – wir haben Lebensmittel auf eine Woche, aber Öl nur noch auf 3 bis 4 Tage! – Uns täglich eine warme Mahlzeit entziehen, hieße uns töten! Eine Möglichkeit der Rettung besteht: Es könnte im nächsten Depot vielleicht noch Extravorrat an Öl liegen! Aber wenn wir dort wieder zu wenig vorfinden? – und ob wir überhaupt hinkommen? Ich wäre längst verzweifelt, wenn nicht Wilson und Bowers so tapferen Mutes wären!

5. März. Oates' Füße sind jämmerlich, der Ärmste hinkt sehr. Heute Morgen marschierten wir 5 Stunden auf etwas besserer Oberfläche, die mit hohen hügelartigen Schneefahnen bedeckt war. Der Schlitten schlug zweimal um; wir zogen ihn zu Fuß und legten ungefähr 10 Kilometer zurück. Noch 2 Ponymärsche und etwa 7 Kilometer bis zu unserm Depot! Unser Brennmaterial wird schrecklich knapp, und der arme Oates ist fast ganz entkräftet. Und gar nichts können wir für ihn tun! Von uns andern leidet Wilson am meisten, hauptsächlich infolge der aufopfernden Hingabe, womit er Oates' kranke Füße behandelt. Wir können einander nicht helfen – jeder hat genug mit sich allein zu tun. „Gott helfe uns!" kann man nur sagen und sich dann frierend und niedergeschlagen auf seinem Wege weiterschleppen mit dem furchtbaren Bewusstsein, dass wir ja doch viel, viel zu langsam vorwärtskommen. Aber wenn wir im Zelt beisammen sind, scheinen wir noch alle heiter und guten Mutes und reden von allem Möglichen; vom Essen jetzt weniger, seit wir uns entschlossen haben, volle Rationen zu wagen; wir konnten einfach nicht länger hungrig umherlaufen. Es ist ein gefährliches Spiel, aber wir werden es mit Mut zu Ende führen.

<u>6. März.</u> Heute Morgen war es unerträglich! Über Nacht wurde es warm, und zum ersten Mal auf der ganzen Reise habe ich mich um mehr als eine Stunde verschlafen. Dann zogen wir mit Aufbietung all unserer Kräfte – um unser Leben und kamen doch kaum 2 Kilometer in der Stunde vorwärts! Dreimal mussten wir uns abspannen, um die alten Gleise zu suchen. Unterdes saß der arme Oates auf dem Schlitten; Zugarbeit kann er nicht mehr leisten; seine Füße müssen ihn entsetzlich schmerzen, und doch ist er wunderbar mutig. Er klagt nie, aber sein heiterer Sinn tritt jetzt nur noch auf dem Marsch hervor; im Zelt wird er immer schweigsamer. Hätten wir 16 ½ Kilometer täglich fertigbringen können – vielleicht wären wir noch vor dem Ausgehen des Öles bis ans Depot gelangt. Jetzt kann uns nichts mehr helfen als starker Wind und gute Oberfläche. Wenn wir alle gesund wären, könnte man noch hoffen, aber der arme Oates ist uns ein schreckliches Hemmnis geworden.

7. März. Oates geht es sehr schlecht; ich kann seinen Heldenmut nicht genug bewundern. Wir unterhalten uns noch darüber, was wir alles vornehmen wollen, wenn wir erst wieder zu Hause sind. –

Gestern nur 12 Kilometer – heute Morgen in 4 ½ Stunden ein wenig über 7 ½ Kilometer – noch 30 Kilometer bis zum Depot! Wenn wir dort reichliche Vorräte finden und die Oberfläche so bleibt, dann können wir uns noch bis zum nächsten Depot durchschlagen, aber zum Ein-Tonnen-Lager nicht mehr! Bei dem armen Oates steht die Krisis nahe bevor. Die Sonne strahlt – Spur und Wegmale sind weithin sichtbar – wer sie doch bis ans Ende verfolgen könnte!

8. März. Ich muss jetzt am Morgen fast eine Stunde in den Nachtstiefeln warten, ehe ich mit dem Wechseln der Fußbekleidung beginnen kann, und bin doch gewöhnlich zuerst fertig. Auch Wilsons Füße fangen an zu schmerzen, da er nachts so oft umherläuft, um den andern zu helfen. Wir sind noch 16 Kilometer vor dem Depot – ein lächerlich kleiner Abstand! Aber um nur die Hälfte unserer früheren Märsche zu erreichen, müssen wir unsere Energie verdoppeln. Und es fragt sich vor allem: Was werden wir im Depot finden? Wenn die Hunde Öl dorthin gebracht haben, können wir noch eine Strecke weiterkommen – aber wenn wir dort wieder zu wenig Brennstoff finden, dann sei Gott uns gnädig!

Sonntag, 10. März. Oates fragte heute Morgen Wilson, ob es für ihn noch eine Möglichkeit der Genesung gebe; natürlich musste Wilson sagen, dass er das glaube. In Wahrheit gibt es keine mehr. Und ob wir andern durchkommen? Im besten Fall können wir noch eine Weile ein Hundeleben führen, aber mehr auch nicht, unsere Kleider sind so vereist, dass wir sie kaum noch an- und ausziehen *können, und der arme Oates hält uns des Morgens so lange auf, dass der wärmende Einfluss des Frühstücks sich schon verloren hat, ehe wir uns auf den Weg machen. Der arme Mensch! Es ist zu traurig mit ihm; und doch muss man immer wieder versuchen, ihn aufzuheitern.*

Gestern haben wir das Depot am Mount Hooker erreicht. Kalter Trost! Von allem zu wenig vorhanden! Doch wüsste ich nicht, dass irgendjemand deswegen Tadel verdiente. Die Hunde hätten unsere Rettung sein können – sie sind offenbar ausgeblieben. Meares wird eine schlechte Heimreise gehabt haben. Es ist alles ein erbärmlicher Wirrwarr! – Heute konnten wir nur eine halbe Stunde marschieren. Ein Orkan zwang uns, schnell wieder das Lager aufzuschlagen.

11. März. Oates ist seinem Ende nahe. Was wir tun werden – was er tun wird, weiß Gott allein. Er ist ein tapferer, guter Mensch und klar über seine Lage, aber er fragte uns um Rat. Was konnten wir ihm anderes sagen, als ihn dringend bitten, so weit mit zu marschieren, wie er irgend könne! Eine gute Folge aber hatte die Beratung: Ich befahl Wilson, uns die Mittel zur Beendigung unserer Qual auszuhändigen, damit jeder wisse, was er im Notfall zu tun habe. Wir haben jeder 30 Opiumtabletten, Wilson selbst eine Tube Morphium, unser Spiel geht tragisch aus.

11 Kilometer sind jetzt die Grenze unserer Leistungsfähigkeit. Wir haben Proviant auf 7 Tage und müssen heute Abend ungefähr 102 Kilometer vom Ein-Tonnen-Lager entfernt sein. 11 x 7 = 77 – also bleiben immer noch 25 Kilometer Abstand.

12. März. Gestern legten wir 11 Kilometer, heute Morgen 7 ½ Kilometer zurück; heute Nachmittag müssen wir auf weitere 5 ½ hoffen – 13 x 6 = 78. Die Oberfläche bleibt schauderhaft, die Kälte unbeschreiblich streng, und mit unserer Gesundheit geht es bergab, Gott helfe uns!

14. März. Aber auch alles geht schief! Gestern erwachten wir bei starkem Nordwind mit 38° und mussten daher bis 2 Uhr im Lager bleiben. Dann legten wir noch 9 ½ Kilometer zurück, und hätten uns gern noch weitergeschleppt, aber da der Wind nicht aussetzte, litten wir zu sehr unter der Kälte. Und wie lange das dauerte, ehe wir im Dunkeln unser Abendessen fertig hatten!

Heute Morgen zogen wir bei südlicher Brise mit aufgezogenem Segel ab und mit guter Geschwindigkeit wieder an einem Wegmal vorüber; als wir ungefähr die halbe Marschzeit hinter uns hatten, veränderte sich der Wind in eine scharfe Brise aus Westen, die durch die Windanzüge hindurch und in die Fausthandschuhe hineinwehte. Der arme Wilson war so erstarrt, dass er eine ganze Weile seine Schneeschuhe gar nicht abschnallen konnte. Bowers und ich schlugen das Lager allein auf, und als wir schließlich im Zelt waren, zitterten wir alle vor Kälte. Die Mittagstemperatur ist 42°. Das Ende ist nahe – es soll ein recht gnädiges Ende werden. Der arme Oates hat sich wieder den Fuß erfroren; mir graut, wenn ich daran denke, wie er morgen aussehen wird.

Sonnabend, 16. oder Sonntag, 17. März. Ich bin mir über das Datum nicht ganz klar, glaube aber, das letztere wird richtig sein.

Die Tragödie ist in vollem Gang. Vorgestern erklärte der arme Oates, er könne nicht mehr weiter, und machte uns den Vorschlag, ihn in seinem Schlafsack zurückzulassen. Davon konnte natürlich keine Rede sein, und wir bewogen ihn, uns noch auf dem Nachmittagsmarsch zu begleiten. Es muss eine entsetzliche Qual für ihn gewesen sein! In der Nacht wurde es mit ihm schlechter, und wir sahen, dass es zu Ende ging.

Sollte dies Tagebuch gefunden werden, so bitte ich um die Bekanntgabe folgender Tatsachen: Oates' letzte Gedanken galten seiner Mutter; unmittelbar vorher sprach er mit Stolz davon, dass sein Regiment sich über den Mut freuen werde, mit dem er dem Tod entgegengehe. Wir drei können seine Tapferkeit bezeugen. Wochenlang hat er unaussprechliche Schmerzen klaglos ertragen und war tätig und hilfsbereit bis zum letzten Augenblick. Bis zum Schluss hat er die Hoffnung nicht aufgegeben – nicht aufgeben wollen. Er war eine tapfere Seele, und dies war sein Ende: Er schlief die vorletzte Nacht ein in der Hoffnung, nicht wieder zu erwachen; aber er erwachte doch am Morgen – gestern! Draußen tobte ein Orkan.

„Ich will einmal hinausgehen," sagte er, „und bleibe vielleicht eine Weile draußen." Dann ging er in den Orkan hinaus – und wir haben ihn nicht wiedergesehen.

Am Ende

Sonntag, 17. März 1912. Ich kann nur absatzweise schreiben. Die Kälte ist ungeheuer, mittags 40°. Meine Kameraden sind heiter, aber wir sind drauf und dran, zu erfrieren, und obwohl wir beständig davon reden, dass wir uns doch noch durchschlagen werden, glaubt es im Herzen keiner mehr. Gestern mussten wir des Orkans wegen still liegen, und heute geht es furchtbar langsam. Wir sind nur 2 Ponymärsche vom Ein-Tonnen-Lager entfernt. Hier lassen wir unsern Theodoliten, eine Kamera und Oates' Schlafsäcke zurück. Die Tagebücher, sowie die auf Wilsons speziellen Wunsch mitgenommenen Gesteinproben wird man bei uns oder auf unserm Schlitten finden.

<u>18. März.</u> *Heute beim zweiten Frühstück sind wir 39 Kilometer vom Depot entfernt. Das Unglück schreitet weiter. Gestern hatten wir wieder Gegenwind, und der Schnee trieb uns ins Gesicht; wir mussten den Marsch unterbrechen; Temperatur 37°. Kein menschliches Wesen brächte es fertig, solch einem Wetter zu trotzen, und unsere Kraft ist fast ganz erschöpft. Wir brechen allmählich alle zusammen. Ich Esel rührte mir einen kleinen Teelöffel voll Currypulver in meinen Pemmikan – er verursachte mir heftige Beschwerden. Die ganze Nacht lag ich mit Schmerzen wach, und auf dem Marsch fühlte ich mich kraftlos; mein rechter Fuß erfror, und ich merkte es gar nicht. Ein Augenblick Nachlässigkeit – und man hat einen Fuß, den man gar nicht ansehen mag. Bowers ist, was seine Gesundheit anlangt, Nummer Eins. Die andern glauben noch, dass wir durchkommen – oder stellen sich wohl nur so! Wir haben den Primuskocher noch einmal halbvoll gegossen, das letzte Mal – dann müssen wir verdursten. Der Wind ist augenblicklich günstig – vielleicht hilft er uns. Die Entfernung bis zum nächsten Depot wäre uns auf der Hinreise lächerlich klein erschienen.*

<u>19. März.</u> *Gestern Abend waren wir fast erstarrt, bis wir unser Abendessen verzehrt hatten: Es bestand aus Schiffszwieback, kaltem Pemmikan und einem halben Kännchen Kakao. Dann wurden wir wider Erwarten ganz warm und haben alle gut geschlafen. Heute brachen wir in der gewöhnlichen schleppend langsamen Weise auf. Wir sind 29 Kilometer vom Depot entfernt und könnten in 3 Tagen hinkommen. Wir haben noch auf 2 Tage Lebensmittel, aber nur noch auf 1 Tag Brennmaterial. Wilsons Füße sind noch am besten, mein rechter am schlechtesten, nur mein linker ist ganz in Ordnung. Aber wie sollen wir unsere Füße schonen, ehe wir das Depot erreicht haben und uns wieder mit warmem Essen pflegen können?*

21. März. Montagabend waren wir noch 20 Kilometer vom Depot entfernt; gestern konnten wir eines wütenden Orkans wegen nicht weiter. Heute wieder eine verlorene Hoffnung – Wilson und Bowers wollen zum Depot gehen, um Brennstoff zu holen.

22. und 23. März. Der Orkan wütet fort – Wilson und Bowers konnten sich nicht hinauswagen – morgen ist die letzte Möglichkeit – kein Brennstoff mehr und nur noch auf 1, höchstens 2 Tage Nahrung – das Ende ist da. Wir haben beschlossen, eines natürlichen Todes zu sterben – wir wollen mit unsern Sachen, oder auch ohne sie zum Depot marschieren und auf unserer Spur zusammenbrechen.

Freitag, 29. März. Seit dem 21. hat es unaufhörlich aus Südwest gestürmt. Jeden Tag waren wir bereit, nach unserm nur noch 20 Kilometer entfernten Depot zu marschieren, aber draußen vor der Zelttür ist die ganze Landschaft ein wirbelndes Schneegestöber. Wir können jetzt nicht mehr auf Besserung hoffen. Aber wir werden bis zum Ende aushalten; der Tod kann nicht mehr fern sein. Es ist ein Jammer, aber ich glaube nicht, dass ich noch weiter schreiben kann. R. Scott.

Um Gottes willen – sorgt für unsere Hinterbliebenen!

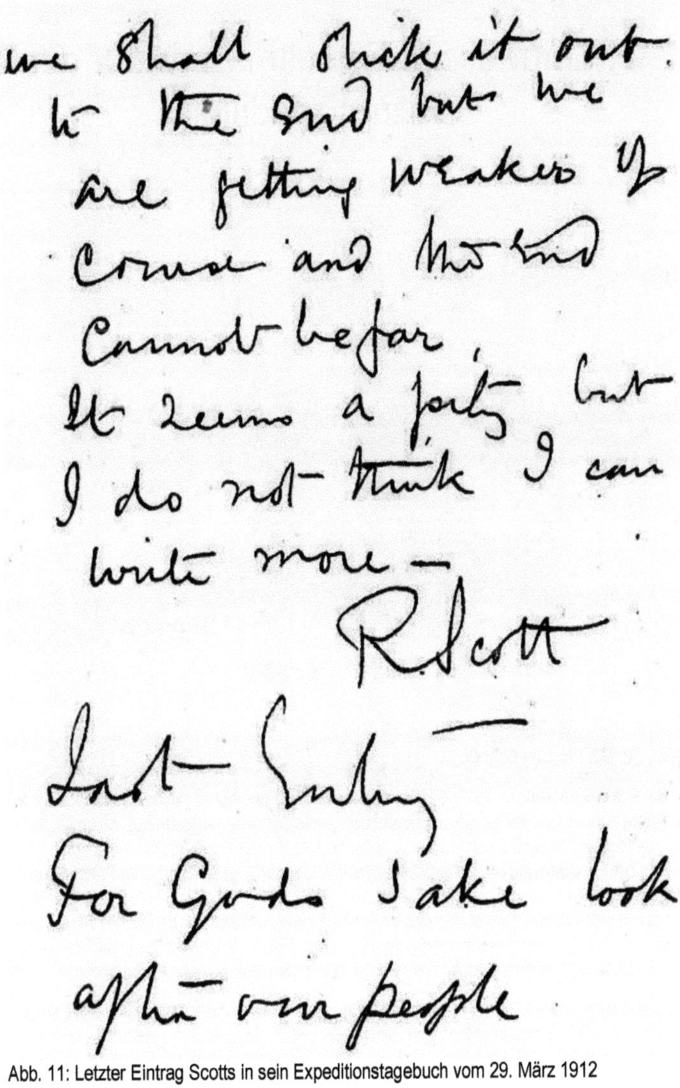

> we shall stick it out
> to the end but we
> are getting weaker of
> course and the end
> cannot be far.
> It seems a pity but
> I do not think I can
> write more —
>   R. Scott
>
> Last Entry —
> For Gods Sake look
> after our people

Abb. 11: Letzter Eintrag Scotts in sein Expeditionstagebuch vom 29. März 1912

V. Amundsens Gewaltmarsch auf der Fram-Expedition

Abb. 12: Die Fram im Drifteis.

Die **Fram-Expedition** (1910–1912) unter der Leitung des norwegischen Polarforschers Roald Amundsen war eine Forschungsreise in die Antarktis mit dem Ziel, erstmals den geografischen Südpol zu erreichen. Amundsen fuhr mit der Fram, die bereits zweimal zuvor bei Expeditionen in die Arktis eingesetzt worden war, in die Bucht der Wale, wo er Ausrüstung und Hunde an Land brachte und sein Winterquartier aufschlug. Von dort zog er per Hundeschlitten von seiner Basis Framheim aus zum Südpol, den er am 14. Dezember 1911 35 Tage vor seinem Konkurrenten Robert Falcon Scott von der britischen Terra-Nova-Expedition erreichte. Damit hatte er das „Rennen um den Pol" gewonnen.

Die Expedition sollte zunächst in die arktischen Gewässer führen, um den Nordpol zu erreichen; als Amundsen jedoch im Herbst 1909 erfuhr, dass sowohl Frederick Cook als auch Robert Edwin Peary beanspruchten, den Pol erreicht zu haben, änderte er das Ziel, worüber Geldgeber und Öffentlichkeit erst nach seiner Abreise informiert wurden.

96

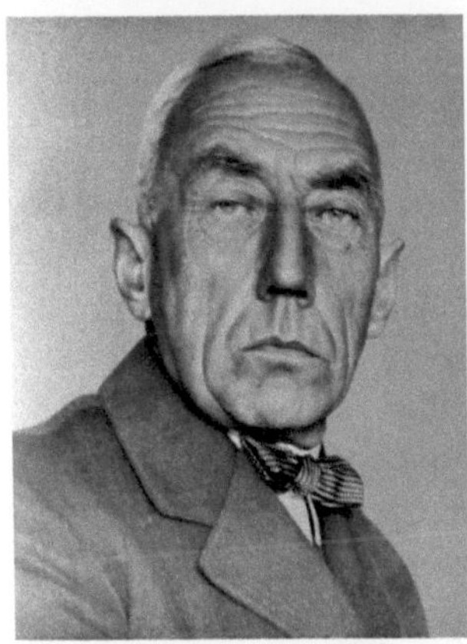

Abb. 13: Roald Amundsen (1872-1928).

Das Rossmeer war traditionell das Arbeitsgebiet der britischen Antarktisexpeditionen gewesen. Begründet wurde diese Tradition durch James Clark Ross, der zwischen 1839 und 1843 mit den Schiffen HMS Erebus und HMS Terror drei Reisen in die Antarktis unternahm, dabei weiter nach Süden vorstieß als je ein Mensch zuvor, viele topografische Gegebenheiten entdeckte und teilweise auch benannte, darunter das Rossmeer selbst, die Ross-Insel, die Great Ice Barrier sowie die Bucht der Wale, das Ausgangslager der Fram-Expedition. Fortgesetzt wurde Ross' Tradition durch die Discovery-Expedition von 1901 bis 1904, der ersten britischen Antarktisexpedition seit Ross und damit des sogenannten „Heldenzeitalters der Antarktisforschung", der Nimrod-Expedition sowie der Terra-Nova-Expedition, die Amundsens Hauptkonkurrenz bei der Ersterreichung des Südpols war.

Ab 1895 gab es in diesem Gebiet jedoch auch norwegische Aktivitäten. In diesem Jahr landete nämlich die Antarctic, ein norwegisches Walfangschiff, kurz am Kap Adare an, dem Nordzipfel Viktorialands. Ein Mitglied dieser Landungsgruppe, der Norweger Carsten Egeberg Borchgrevink, reiste darauf auf eigene Kosten zum Sechsten Internationalen Geografenkongress nach London und bot sich als Leiter einer Expedition an, die als erste auf dem antarktischen Kontinent überwintern sollte. Er überzeugte die Teilnehmer des Kongresses – auch durch mitgebrachte Moosproben, die das Leben unter der antarktischen Eisdecke bewiesen – und erweckte damit das Interesse an einer wissenschaftlichen Erforschung der Antarktis neu. Im Frühjahr 1898 bot ihm der Verleger George Newnes (1851–1910) an, seine Expedition im Gegenzug für einen packenden Erlebnisbericht zu finanzieren. Diese Expedition, die Southern-Cross-Expedition, überwinterte erstmals in der Antarktis und stieß auf dem Ross-Schelfeis 70 Kilometer weit nach Süden vor. Borchgrevink zeigte, dass die Ice Barrier nicht nur als Hindernis, sondern auch als Weg in den Süden betrachtet werden könne, zudem bewies er den Nutzen von Hunden und Skiern auch in der Antarktis. Die Expedition war bereits ganz nach der neuen „norwegischen Schule der Polarforschung" ausgerüstet.

Diese „neue Schule" war zehn Jahre zuvor von Fridtjof Nansen begründet worden, als er im Sommer 1888 Grönland von Osten nach Westen durchquerte und dabei nicht nur die norwegische Polarforschung begründete und zur Identifikationsfigur vieler Norweger wurde, sondern auch neue Wege in der Technik eröffnete. Anstelle der herkömmlichen schweren Schlitten setzte er leichtere Modelle ein, die auf Skiern liefen. Ebenso erkannte er die Notwendigkeit, eigene Kleider, Zelte und Kochausrüstungen zu entwickeln und stellte erstmals die Nahrung nach wissenschaftlichen Gesichtspunkten zusammen. Bedeutung hatten auch Hunde, geringes Gewicht der Ausrüstung und Beweglichkeit der Mannschaft im Gelände. Kernstück der Polarforschung aber war nun der Einsatz von Skiern, wofür Norweger beste Voraussetzungen mitbrachten, da das Skifahren als Fortbewegungsmittel seit Jahrtausenden Bestandteil der Kultur der skandinavischen Völker war – das Wort Ski stammt aus dem Altnorwegischen. Auf den jungen Roald Amundsen machte diese Expedition so großen Eindruck, dass er 1903 mit der Gjøa auf eine eigene Expedition aufbrach, die ihn als ersten Menschen durch die gesamte Nordwestpassage führte. Diese Fahrt hatte insofern Einfluss auf die Fram-Expedition, als Amundsen hier die Grundlagen der Polarforschung, die er als Zweiter Steuermann auf der Belgica gelernt hatte, vertiefen und durch Eskimo-Wissen ergänzen konnte. Während der Gjøa-Expedition machte Amundsen erste Erfahrungen im Umgang mit Hunden und Hundeschlitten und studierte die Techniken der Eskimos, etwa Iglubau oder Herstellung von Kleidung

Zurück in Norwegen begann Amundsen mit der Planung einer Expedition ins Nordpolarbecken, bei der er sich vier oder fünf Jahre lang im Eis eingeschlossen treiben lassen und dabei den noch unentdeckten Nordpol erreichen wollte. Letzteres war, so vermutet Huntford, sein Hauptziel, während die wissenschaftliche Erforschung des Nordpolarbeckens vorgeschoben wurde, um mehr Spendengelder zu erhalten. Zu diesem Zweck erbat er sich von Fridtjof Nansen die Fram. Dieses Schiff war zwar Staatseigentum, da Nansen aber die erste Instanz der Polarforschung in Norwegen war und selbst noch Hoffnungen auf eine letzte Expedition hegte, hielt Amundsen es für nötig, sein Vorbild um die Freigabe zu bitten, die Nansen ihm auch gewährte. Am 10. November 1908 gab er seinen Plan öffentlich bekannt, tags darauf erhielt er vom Königspaar bereits 20.000 Kronen. Nachdem das norwegische Parlament Amundsen eine teilweise Rückzahlung seiner Schulden von der Gjøa-Expedition bewilligt hatte, brach er in die Vereinigten Staaten auf, um durch eine Vortragsreise weitere Geldquellen zu erschließen. Anfang 1909 hatte Amundsen ein Viertel der notwendigen Gelder einwerben können, aber nun versiegten die Spenden. Am 6. Februar 1909 gewährte ihm das Storthing jedoch 75.000 Kronen und gestattete ihm, die Fram für seine Zwecke zu nutzen.

In der ersten Septemberwoche des Jahres 1909 erreichte Amundsen die Nachricht, dass sowohl Cook als auch Peary behaupteten, den Nordpol erreicht zu haben. Diese Behauptungen sind zwar heute umstritten, und nach der ersten Nachricht über Cooks Erfolg, die er am 1. September erhielt, sagte Amundsen noch, diese Nachricht werde seine Pläne in „gar keiner Weise" beeinflussen. Doch die am 7. September erhaltene Mitteilung über Peary rüttelte ihn auf und veranlasste ihn zum Handeln. Er beschloss, seinen „ursprünglichen Plan um ein oder zwei Jahre zu verschieben, um in der Zwischenzeit zu versuchen, die noch immer fehlenden Gelder [für die anschließende Erforschung des Nordpolarbeckens] zu sammeln." Wann Amundsen diesen Entschluss fasste, ist nicht bekannt. Ein Brief, mit dem er Schlittenhunde aus Grönland nach Dänemark bestellte, beweist aber, dass er spätestens am 9. September feststand. Von der prestigeträchtigen Ersterreichung des Südpols versprach sich Amundsen verbesserte Möglichkeiten der Akquisition von Geldern für die „eigentliche" Expedition zum Nordpol und eine Möglichkeit, einem Reputationsverlust vorzubeugen. „Wenn ich meinen Ruf als Forscher nicht verlieren wollte, musste ich auf die eine oder andere Weise einen spektakulären Sieg erringen." Er habe sich daher für ein neues Unternehmen entschieden.

Am 13. September erfuhr Amundsen, dass Robert Falcon Scott plante, im kommenden August zu einer eigenen Antarktisexpedition aufzubrechen. Am Tag darauf teilte er mit, dass der Start seiner Expedition auf den 1. Juli 1910 verschoben werde. Der vorgeschobene Grund war die angeblich verzögerte Lieferung des Dieselmotors; tatsächlich wurde wegen des geänderten Expeditionsziels Zeit für Sonderarbeiten benötigt.

Amundsens Planänderung wurde noch immer geheim gehalten, denn er wollte den Vorteil des Wissens um Konkurrenz nicht mit Scott teilen. Zum einen war ihm Scott persönlich unsympathisch, zum anderen spielten nationale Interessen eine Rolle, da der Prestigeerfolg gegenüber dem britischen Empire spektakulär gewesen wäre. Amundsen hielt seine Pläne auch deshalb geheim, weil er fürchtete, die norwegische Regierung könnte seine Expedition untersagen. Ein Konkurrenzkampf um prestigeträchtige Ziele mit Großbritannien war politisch nicht opportun. Außerdem fürchtete Amundsen, Nansen könnte ihm den Gebrauch der Fram untersagen. Nansens Frau war inzwischen gestorben und er war nicht mehr norwegischer Konsul in London, somit hätte er seine zurückgestellten Expeditionspläne wieder aufnehmen können. Amundsen nahm auch an, dass das Storthing und private Geldgeber die Expedition verhindern könnten. Ein weiterer, eher taktischer Beweggrund war, dass Scott bei Bekanntwerden eines ausländischen Rivalen wahrscheinlich zusätzliche Geldmittel erhalten hätte. Zweifel an der Fairness seines Vorgehens hatte er nicht. Amundsen schätzte die Terra-Nova-Expedition als von seiner eigenen Expedition völlig verschieden ein, denn ihm selbst gehe es vorrangig um wissenschaftliche Ziele und das Erreichen des Südpols sei nur nebensächlich. Eine öffentliche Bekanntgabe von Amundsens Plänen hätte seiner Darstellung zufolge deshalb kaum Einfluss auf Scotts Planung haben können. Andere Expeditionen, die sich zu dieser Zeit in der Antarktis befanden, hatten ohnehin nicht das Ziel, den Südpol zu erreichen. Amundsen informierte nur zwei Personen von seinem Entschluss: seinen Bruder, der nach Amundsens Abfahrt von Madeira an die Öffentlichkeit gehen sollte, und Thorvald Nilsen, der als Schiffsmeister und Kapitän der Fram das wahre Ziel der Expedition für seine Vorbereitungen kennen musste.

Die Mannschaft

Abb. 14: Die Mitglieder der Fram-Expedition vor der Abreise zum Südpol..1. Hauptmann Hjalmar Johansen, der seinerzeit Nansen auf seiner berühmten Schlittenreise zum Franz-Josephs-Land begleitete. 2. Kapitän Nielsen. 3. Kapitän Roald Amundsen, der Entdecker des Südpols. 4. Marineleutnant Prestrud, der Führer der Expedition, die nach Osten vordrang.

Bei der Auswahl der Mannschaftsmitglieder achtete Amundsen auf verschiedene persönliche Aspekte, darunter Einbettung ins soziale Umfeld, Erfolg im Arbeitsbereich, der mit der Polarfahrt zu tun haben musste, Neugier und Tatkraft. Gefühle schaltete er, so Huntford, bei der Auswahl gänzlich aus. Neben fachlichen Qualitäten wie möglichst großer Erfahrung in der Polarforschung, der Beherrschung des Skifahrens und der Führung von Hundeschlitten verlangte er, dass seine Männer an Einsamkeit und harte Arbeit im Freien gewöhnt waren.

Amundsen erhielt viele Bewerbungen. Als stellvertretenden Kommandanten wählte er zunächst Ole Engelstad (1876–1909) aus, einen Fregattenkapitän der norwegischen

102

Marine. Beim Testen eines Ballons wurde Engelstad jedoch von einem Blitz getroffen und kam ums Leben; Thorvald Nilsen (1881–1940) rückte nach. Olav Bjaaland kam an Bord, nachdem er Amundsen zufälligerweise in Lübeck getroffen hatte und im Gespräch über Expeditionen angedeutet hatte, er wolle auch gerne einmal an einer Expedition teilnehmen. Da Bjaaland ein ausgezeichneter Skifahrer sowie Schreiner war, nahm Amundsen ihn mit. Ein weiteres Mitglied der Expedition war Helmer Hanssen, der Amundsen bereits auf der Gjøa-Expedition begleitet hatte und den dieser als Hundeführer schätzte. Um einen guten Koch zu haben, stellte Amundsen auch Adolf Lindstrøm (1866–1939) ein, der ebenfalls auf der Gjøa mitgefahren war. Im Sommer 1909 lernte er Oscar Wisting kennen, einen Marinekanonier, der in der Werft in Horten auf der Fram arbeitete. Wisting war zwar kein allzu guter Skifahrer und hatte keine Erfahrung mit Hunden, doch er war anpassungsfähig, lernwillig und pragmatisch veranlagt – außerdem brauchte Amundsen Männer, die sich ihm ohne Schwierigkeiten unterordneten. Als Eislotsen heuerte er den Seehundefänger Andreas Beck an. Amundsen weigerte sich, einen Arzt mit auf die Expedition zu nehmen. Er hätte gerne seinen Vertrauensmann und Agenten in Tromsø dabei gehabt, den Apotheker Fritz Zapffe, doch da dieser nicht teilnehmen konnte, schickte er den zweiten Steuermann Gjertsen und Wisting zu zahnheilkundlichen und chirurgischen Kurzlehrgängen.

Im Herbst 1908 erhielt Amundsen ein Bewerbungsschreiben von Hjalmar Johansen, der mit Nansen in der Arktis gewesen und ein guter Hundeführer war. Allerdings war er nach der Expedition mit Nansen zum Alkoholiker geworden. Außerdem fürchtete Amundsen, der ältere Johansen, der besser Ski laufen konnte und sehr ehrgeizig war, könnte seine Autorität bedrohen. Da Johansen Nansen aber in der Arktis das Leben gerettet hatte, bestand Letzterer darauf, dass Amundsen ihn mitnehme, und Amundsen musste sich fügen.

Finanzierung und Ausrüstung

Am 9. Februar 1909 beschloss das Storthing, Amundsen für die Expedition die Fram zu leihen und eine Summe von 75.000 Norwegischen Kronen für die nötigen Reparaturen und Verbesserungen bereitzustellen, außerdem hatte es bereits einige der Schulden Amundsens von der Gjøa-Expedition zurückgezahlt. Viele Firmen spendeten Güter, auch die norwegische Marine stellte Ausrüstungsgegenstände zur Verfügung. Weitere Geldmittel wurden vom Königspaar (20.000 Kronen) und von Privatleuten zur Verfügung gestellt, deren prominentester Don Pedro Christophersen war. Der in Argentinien lebende Norweger kam für sämtliche Kosten während des Aufenthalts der Fram in Südamerika auf.

Nach dem Bekanntwerden der Ansprüche Cooks und Pearys auf das Erreichen des Nordpols versiegten die Geldquellen. Auch das Storthing lehnte eine Aufstockung der Mittel Amundsens um weitere 25.000 Kronen ab. Amundsen sah sich einem Defizit von 150.000 Kronen gegenüber. Er kümmerte sich allerdings nicht besonders um einen ausgeglichenen Haushaltsplan, denn er wusste, wenn er den Südpol erreichte, würde alles vergeben sein. So nahm er Kredite auf, wo er sie bekommen konnte und belastete etwa sein eigenes Haus mit einer Hypothek über 25.000 Kronen.

Um eine ausreichende Anzahl an Schlittenhunden zu bekommen, reiste Amundsen nach Kopenhagen, wo er von der Königlichen Grönland-Handelsgesellschaft 100 Grönlandhunde kaufte, die im Juli 1910 nach Dänemark geliefert werden sollten. Amundsen war überzeugt, dass Hunde Ponys (dem Haupttransportmittel Scotts) überlegen seien.

Die mitgenommene Fertigteilhütte, die 7,8 Meter lang und 3,9 Meter breit war, wurde auf Amundsens Grundstück in Norwegen gebaut und später Teil für Teil wieder eingepackt, um in der Antarktis wieder aufgestellt zu werden. Sie hatte zwei Räume, von denen einer als Küche diente und einer als Schlaf-, Ess- und Wohnzimmer. Darüber befand sich ein Dachboden zur Aufbewahrung von Vorräten. Die Schlitten der Küstengruppe waren 3,6 Meter lang und wogen zunächst 165 Pfund, bevor ihr Gewicht im Lauf des Winters auf durchschnittlich 53 Pfund reduziert werden konnte. Die Skier wurden aus Hickoryholz gefertigt, das elastisch und hart ist. Die Länge betrug 1,8 Meter.

Ziele und Plan

Amundsen versuchte, sich sämtliche verfügbare Literatur zu beschaffen, und erarbeitete in Verbindung mit seinen eigenen Polarerfahrungen einen genauen Plan.

Das Hauptziel war das Erreichen des Südpols, die Wissenschaft spielte nur eine Nebenrolle. Dennoch plante Amundsen, unterwegs so viele Messungen wie möglich vorzunehmen, vor allem meteorologischer Natur. Außerdem sollte die Fram im Atlantik ausgedehnte ozeanografische Messungen vornehmen, die Amundsen mit Bjørn Helland-Hansen plante und als Vorwand benutzte, bereits in Norwegen an Bord der Fram gehen zu können anstatt, wie zuvor verlautbart, erst in San Francisco.

Die Fram sollte nach Amundsens Planungen bis Mitte August in Norwegen auslaufen und als einzigen Zwischen-

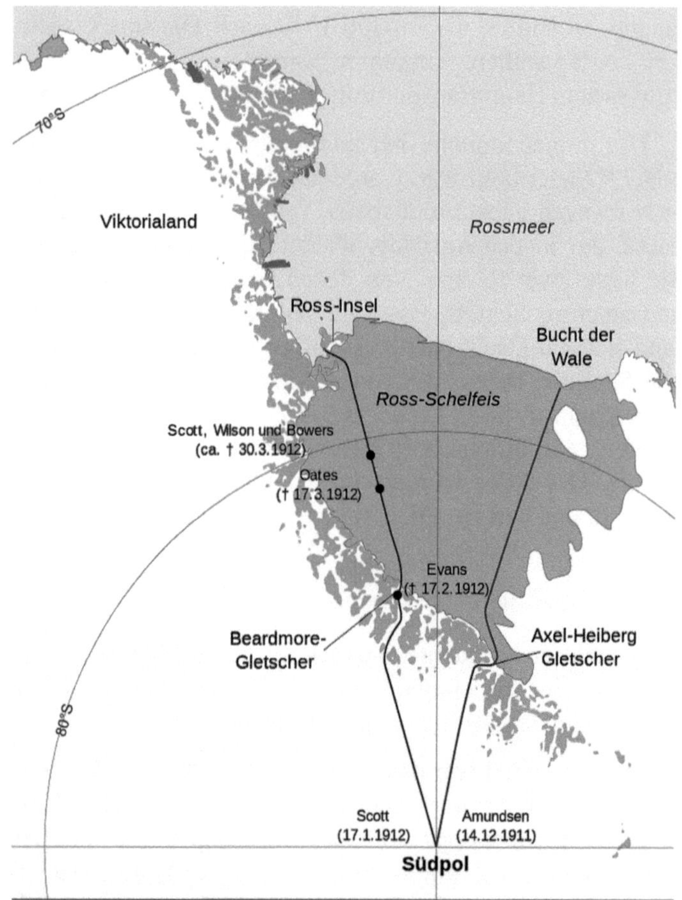

Abb. 15: Route der Expeditionen Scotts und Amundsens.

halt Madeira ansteuern. Von dort aus sollte sie ums Kap der Guten Hoffnung fahren und ins Roßmeer zur „Great Ice Barrier" vorstoßen, die um den 15. Januar erreicht werden sollte. An der Bucht der Wale sollten ungefähr zehn Männer als Küstengruppe abgesetzt werden und eine Basis errichten, während die Fram nach Buenos Aires zurückkeh-

106

ren und Messungen im Atlantik vornehmen sollte. Im Oktober sollte sie nach Süden zurückkehren und die Küstengruppe wieder abholen.

Diese Gruppe sollte in der Zwischenzeit, sobald die Hütte aufgestellt und die Vorräte an Land gebracht worden waren, Lebensmittel und Brennstoff so weit südlich wie möglich in Depots einlagern. Mit dem Ende dieser Tätigkeit wäre der Winter gekommen, der damit verbracht werden sollte, an der Ausrüstung zu arbeiten. Im nächsten Frühling sollte die Basis so früh wie möglich wieder verlassen werden, um vor Scott am Südpol anzukommen. Amundsen wollte von der Bucht der Wale aus direkt nach Süden fahren und nach Möglichkeit immer demselben Meridian folgen.

Die Bucht der Wale wurde aus mehreren Gründen als Lagerort ausgewählt. Einerseits lag sie weiter südlich als jeder andere mit dem Schiff erreichbare Punkt der Barriere, was für die folgende Schlittenfahrt von Bedeutung war, da fast zehn Prozent der Strecke eingespart werden konnten, andererseits konnte Amundsen von hier aus die Bedingungen und die Oberfläche, mit denen er es zu tun haben würde, vorher kennenlernen. Zusätzlich lebten in der Bucht der Wale laut Ross' und Shackletons vorhergehenden Berichten viele Robben und Pinguine, sodass der Nahrungsnachschub stets gesichert war. Auch für die meteorologischen Beobachtungen auf der Barriere stellte die Bucht einen günstigen Ort dar, da umliegendes Land keinen Einfluss auf die Bedingungen ausüben konnte. Zuletzt war der Ort mit dem Schiff gut zugänglich. Es wurde generell angenommen, dass die Barriere auf dem Wasser schwimme, was auch durch Shackletons Bericht von starken Eisabbrüchen bestätigt wurde. Amundsen kam jedoch zum Schluss, dass sie auf einem Fundament wie kleinen Inseln oder

Schären ruhen müsse, da die Umgebung der Bucht der Wale seit Ross' Expedition von 1843/44 im Großen und Ganzen unverändert geblieben war. Amundsens Ergebnis war zutreffend, auch wenn seine Begründung nicht zutraf. Er sah sich zwar bestätigt, doch ist heute erwiesen, dass die Barriere ein Schelfeis ist und somit auf dem Wasser schwimmt und über einen Gletscher mit dem Land verbunden ist. Die Stabilität der Bucht ist durch die Lage im Windschatten der Roosevelt-Insel bedingt. 1928 war das Lager verschwunden und ist vermutlich mit einem Eisberg von der Schelfeistafel abgebrochen.

Die Fram (norwegisch „Vorwärts") wurde 1892 von Colin Archer als ein Schiff gebaut, das dem arktischen Packeis widerstehen konnte. Der dreimastige Schoner hatte sich bereits mehrfach bewährt; Fridtjof Nansen und Otto Sverdrup hatten das Schiff auf ihren Arktisexpeditionen genutzt. Die Fram ist 39 Meter lang und elf Meter breit und besitzt ein Volumen von 807 Brutto- und 440 Nettoregistertonnen.

Am 9. März 1909 bat Amundsen die Marinewerft in Horten, das Schiff zu reparieren und die nötigen Änderungen auszuführen. Die wichtigste Änderung war, die Dampfmaschine durch einen 180-PS-Dieselmotor zu ersetzen. Damit war die Fram das erste Polarschiff mit Dieselmotor, was einerseits für das Manövrieren zwischen den Eisschollen praktisch, andererseits auch mit einer Personalersparnis verbunden war – ein Mann genügte zur Bedienung.

Aufbruch und Ankunft in der Antarktis

Die Fram lag seit der Beendigung der Reparaturen im Mai 1910 in Christiania vor Anker, um bis Anfang Juni beladen zu werden. Am 3. Juni stach man in See. Das erste Ziel war Amundsens Haus, um die Fertigteilhütte einzuladen. Am 7. Juni lichtete die Fram erneut die Anker. Bevor sie endgültig in Richtung Antarktis aufbrach, sollte sie zuvor eine Fahrt um die britischen Inseln herum und dann zurück nach Norwegen unternehmen. Der vorgebliche Zweck war, ozeanografische Untersuchungen vorzunehmen; es sollten jedoch eher Motor und Mannschaft der Fram geprüft werden. Die geplante Route musste wegen des schlechten Wetters und einer Motorpanne erheblich gekürzt werden; am 10. Juli lief man Bergen an, von wo aus man nach Kristiansand weiterfuhr. Hier wurden die letzten Güter wie Schlitten und Skier verladen, außerdem 97 Grönlandhunde. Jetzt wurden auch die Oberleutnants Gjertsen und Prestrud in den Plan, nach Süden zu fahren, eingeweiht. Sie zeigten sich begeistert. Am 9. August waren alle nötigen Vorbereitungen getroffen und die Fram brach nach Madeira auf. Johansens Tagebuch legt nahe, dass auf der Fahrt bald schlechte Stimmung aufkam, da die Mannschaft spürte, dass die Offiziere ihr etwas verheimlichten, und es auch um die Kameradschaft unter den Männern nicht sehr gut stand.

In Madeira, das das Schiff am 6. September erreichte, wurden die Vorräte ergänzt, namentlich der Vorrat an Frischwasser aufgefüllt. Amundsens Bruder Leon kam an Bord, um die letzten Nachrichten an die Außenwelt entgegenzunehmen; darunter auch Mitteilungen an Nansen, den König von Norwegen, Håkon VII., sowie verschiedene Geldgeber und ein Telegramm an Scott, das Leon am

3. Oktober in Christiania aufgab und das Scott am 12. Oktober erreichte, als er in Melbourne vom Schiff ging. Anfang Oktober ging Leon zudem mit Amundsens Planänderung an die Öffentlichkeit. Am 9. September war alles für die Abfahrt bereit, und die Mannschaft versammelte sich auf Deck, wo Amundsen sie über seine Pläne informierte und jeden Mann einzeln um weitere Unterstützung bat – er erntete einstimmige Zustimmung. Gegen Abend brach man in Richtung Süden auf. Mit dem Ende der Ungewissheit besserte sich auch die Stimmung an Bord.

Der nächste Halt sollte eine norwegische Walfangstation auf den Kerguelen sein, doch aufgrund des schlechten Wetters Ende November konnte die Fram sich den Inseln nicht nähern. Ansonsten verlief die Fahrt ereignislos; die Männer studierten alle Bücher über vorhergehende Antarktisexpeditionen, die sie in der durch Geschenke gut ausgestatteten Bordbibliothek finden konnten. Am 1. Dezember gab Amundsen die Mitglieder der Landungsmannschaft bekannt – Prestrud, Johansen, Hanssen, Hassel, Wisting, Bjaaland, Stubberud und Lindstrøm sollten ihn begleiten. Am 1. Januar kam der erste Eisberg in Sicht, am Folgetag erreichte die Expedition den Drifteisgürtel, der sich um die Antarktis zieht und den die Fram dank Auswertung der Situation bei vergangenen Expeditionen leicht und binnen dreieinhalb Tagen queren konnte. Am 11. Januar wurde das Ross-Schelfeis gesichtet; drei Tage darauf wurde die Bucht der Wale erreicht.

Nach der Ankunft am 14. Januar 1911 wurde die Fram am Eisfuß der Barriere festgemacht und Amundsen unternahm mit Nilsen, Prestrud und Stubberud einen ersten Erkundungsgang, um die Bedingungen zu erforschen und einen passenden Lagerplatz zu finden. Nachdem sie eine passende Senke gefunden hatten, bauten zwei Männer dort die

Abb. 16: Darstellung vom Aufbau der Station Framheim auf einer alten Postkarte.

Fertigteilhütte auf, während die übrigen Mitglieder der Küstengruppe ab dem 15. Januar die Hunde, deren Anzahl sich seit Norwegen durch 20 neu geborene Tiere von 96 auf 116 erhöht hatte, sowie Ausrüstung und Vorräte per Schlitten an Land brachten. Am 27. Januar war die Hütte fertig, gemeinsam mit dem umgebenden Zeltlager wurde sie später „Framheim" getauft. Die Güter wurden 600 Meter entfernt in ein Depot eingelagert, dazu das Fleisch der erlegten Robben und Pinguine. Am 4. Februar kam die Terra Nova auf ihrem Rückweg zum McMurdo-Sund zu Besuch, nachdem sie ihr Ziel, Edward-VII-Land, nicht hatte anlaufen können. Sie brachte Nachrichten von Scott mit, unter anderem von seinen Motorschlitten. Sie bereiteten Amundsen Sorgen bis er am Pol war, da er ihre Vorteile schlecht einschätzen konnte.

Am 10. Februar 1911 brachen Amundsen, Prestrud, Johansen und Hanssen mit drei Schlitten auf. Von den Männern lief, wie es üblich war, immer einer vor dem ersten

Abb. 17: Freizeitbeschäftigung im Framheim.

Schlitten her, um die Hunde auf Kurs zu halten. Er wurde vom Fahrer des ersten Schlittens per Kompass gesteuert. Mit 18 Hunden brachen sie nach Süden auf, um die direkte Umgebung zu erkunden, die Ausrüstung und die Geschwindigkeit zu testen und teilweise bereits mit dem Südtransport der Güter zu beginnen. Am 14. Februar erreichten sie 80° S und lagerten die mitgeführten Vorräte – eine halbe Tonne Verpflegung – in ein Depot ein. Zwei Tage später kehrten sie nach Framheim zurück, von wo die Fram bereits abgefahren war. Auf der Fahrt stellte die Gruppe fest, dass die Barriere gut gangbar war und bei den gegebenen Wetterbedingungen mit den winterlichen Gegebenheiten in einigen Regionen Norwegens vergleichbar war. Allerdings wurden auch verschiedene Mängel an der Ausrüstung festgestellt, die die Norweger beheben mussten – die dringlichsten bis zur nächsten Fahrt, die weniger wichtigen über den Winter.

Am 22. Februar brach eine neue Gruppe auf, um weitere Depots anzulegen. Diesmal kamen alle acht Männer der Küstengruppe außer Lindström, dem Koch, mit; sie hatten sieben Schlitten und 42 Hunde. Am 27. Februar wurde das bereits angelegte Depot auf 80° Süd erreicht, am 3. März kam man bei 81° an, wo ein neues Depot mit einer halben Tonne Hundefutter angelegt wurde. Bjaaland, Hassel und Stubberud kehrten hier um. Bei 82° S, die man am 8. März erreichte, wurden weitere 680 Kilogramm Vorräte eingelagert, vor allem Hundefutter. Hier kehrte die Gruppe um, obwohl sie zunächst bis 83° hatte fahren wollen. Die Schlitten waren allerdings überladen und die lange Fahrt, der einbrechende Winter und die schwierige Oberfläche mit Neuschnee und Gletscherspalten erschöpften die Hunde so sehr, dass Amundsen sogar seinen Schlitten zurücklassen musste, als er am 10. März den Rückweg antrat. Insgesamt starben auf dieser Fahrt acht Hunde, wofür nach Amundsen hauptsächlich die Kälte ursächlich war. Unter den Männern herrschte ein gewisser Unfrieden. Am 22. März kehrte die Gruppe zurück nach Framheim.

Am 31. März brachen sieben Männer unter dem Kommando Johansens mit sechs Schlitten und 36 Hunden auf und kehrten am 11. April zurück. Auf dieser letzten Fahrt legten sie mit etwa 1200 Kilogramm Robbenfleisch auf 80° S ein Depot an, das nun über zwei Tonnen Vorräte enthielt.

Bis zum Wintereinbruch wurden große Mengen von Robben und Pinguinen erlegt, um den Winter gut zu überstehen; die 60 Tonnen Fleisch sollten für die Männer und die 110 Hunde ausreichen. Um möglichst selten ins Freie zu müssen, wurden die meisten Lagerräume durch ein Netz aus unterirdischen Kammern und Tunneln verbunden. In verschiedenen dieser Räume wurden außerdem unter ande-

rem Werkstätten, eine Sauna und ein Observatorium eingerichtet.

Während des Winters passte man die auf den Depotfahr-
ten ausprobierten Ausrüstungsgegenstände an, sowohl
Schlitten als auch die persönliche Ausrüstung. Das Gewicht
der Schlitten ließ sich von 50 auf 35 Kilogramm verringern. Skier, Schlittenkisten, Stiefel, Zelte und beinahe alle
anderen Ausrüstungsgegenstände wurden überholt. In der
verbleibenden Freizeit gab es Kurse, man las, spielte Darts
oder Whist. Amundsen bezeichnet das Wetter als ausgezeichnet, mit Flauten oder leichten Brisen, während Scott
stürmisches Wetter hatte, das ihn von seiner Arbeit abhielt.
Ab Mitte August war das Ende der Arbeit abzusehen, ab
dem 23. August standen die beladenen Schlitten, je
880 Pfund schwer, am Startplatz bereit.

Das Rennen zum Pol

Amundsen war es wichtig, bald aufzubrechen; weil er
die Motorschlitten der Briten fürchtete und einen möglichst
großen Vorsprung gewinnen wollte, plante er, Framheim
bereits am 24. August zu verlassen. Das war viel zu früh,
da der südliche Frühling zu diesem Zeitpunkt kaum begonnen hatte. Bis Anfang September war die Temperatur so
weit gestiegen, dass Amundsen beschloss, die Südreise zu
beginnen. Am 8. September brachen nach einigen Ver-
schiebungen wegen schlechten Wetters acht Männer mit
sieben Schlitten und 90 Hunden auf; sie führten Vorräte für
neunzig Tage mit sich. Man bemerkte jedoch bald, dass
man zu früh aufgebrochen war – bereits drei Tage später
fiel die Temperatur über Nacht um fast 30 °C auf −56 °C,
den Hunden ging es zusehends schlechter. Amundsen beschloss, nur bis zum Depot auf 80° zu fahren, dort die mit-

geführten Vorräte und Ausrüstungsgegenstände einzulagern und umzukehren. Das Depot wurde am 14. September erreicht. Auf dem Rückweg gingen viele Hunde verloren. Am Morgen des letzten Tages der Rückfahrt, dem 16. September, stieg die Temperatur wieder ein wenig, aber niemand wusste für wie lange; so ordnete Amundsen an, die Strecke ohne Pause zurückzulegen. Der Rückzug war vollkommen ungeordnet, die Schlitten hatten Abstände von bis zu achteinhalb Stunden, als sie zurückkehrten. Amundsen, Wisting und Hanssen kamen als erste an, zwei Stunden später auch Bjaaland und Stubberud. Hassel, der wieder ein wenig später ankam, berichtete, dass Johansen und Prestrud ohne Nahrung und Heizmaterial noch auf der Barriere seien. Prestruds Hunde waren so schwach, dass er weit hinter die anderen zurückfiel. Als Johansen das merkte, wartete er auf ihn und rettete ihm vermutlich das Leben, indem er sich mit ihm nach Framheim zurückkämpfte, da Prestrud bereits sehr schwach war.

Als Amundsen Johansen am nächsten Morgen auf die Verspätung ansprach, konnte Johansen sich nicht mehr beherrschen und machte Amundsen schwere Vorwürfe, weil er die anderen Expeditionsmitglieder zurückgelassen hatte. Das Unternehmen sei „keine Expedition mehr, das ist reine Panik", und er beschwerte sich offen über Amundsens Führung. Diese Kritik hatte ihre Gründe nicht nur in den Ereignissen des Vortages. Johansen war auch verbittert, weil er als älterer Mann Amundsen untergeordnet war. Zudem machte ihm der Alkoholentzug zu schaffen. Außerdem verglich er Amundsen häufig mit Nansen, mit dem er in der Arktis gewesen war. Johansens Worte und seine Ansprüche waren eine Bedrohung für die Expedition, und so sah Amundsen sich gezwungen, ein Exempel zu statuieren – er isolierte Johansen und Prestrud von den übrigen Expeditionsmitgliedern, indem er seinen zuvor zweifach in einer Abstimmung abgelehnten Plan von einer zusätzlichen Gruppe wieder aufgriff.

Nur noch fünf Männer sollten jetzt in Richtung Süden fahren. Die übrigen drei – neben Johansen und Prestrud auch Stubberud – sollten unter der Führung Prestruds nach Osten nach Edward-VII-Land fahren und das Gebiet um die Bucht der Wale erforschen. Diese zusätzliche Expedition diente nicht nur als Strafe für Johansen, sondern auch als Absicherung – falls das eigentliche Expeditionsziel nicht erreicht wurde, wollte Amundsen dennoch Ergebnisse vorweisen können. Amundsen selbst begründete die Entscheidung damit, dass man mit einer kleineren Gruppe schneller vorankäme und die Depots an Wert steigen würden. Amundsen hatte Glück, dass er auf der Fahrt kein Expeditionsmitglied verlor. Er konnte sogar soweit profitieren, dass er erneut Materialschäden feststellen konnte und die eigentliche Polfahrt nicht mehr vom Konflikt mit Johansen belastet war.

Erst Mitte Oktober 1911 begann der antarktische Frühling tatsächlich. Robben und Vögel wurden gesichtet, und die Temperatur blieb konstant zwischen −20 und −30 °C (der antarktische Küstenjahresdurchschnitt liegt bei −15 bis −10 °C.).

Am 20. Oktober brach Roald Amundsen mit Bjaaland, Hanssen, Hassel und Wisting zu seinem zweiten Versuch auf. Die Männer hatten vier Schlitten und 52 Hunde, die mitgeführten Vorräte reichten nur bis 80° Süd, wo das erste Depot wartete. Auf dem Weg dorthin gerieten sie in ein Feld aus Gletscherspalten, das sie jedoch unbeschadet durchqueren konnten. Das Depot erreichten sie am 23. Oktober; hier legten sie eine zweitägige Pause ein, um die

116

Hunde nicht bereits auf dem ersten Teil der Reise zu überanstrengen. Am 26. Oktober brach die Gruppe wieder auf, von hier an errichtete sie Schneebaken, um auf der Rückreise den Weg zu finden. Diese Baken waren 180 Zentimeter hoch und bestanden aus Schneeblöcken. Im Inneren befand sich ein Stück Papier, das die Nummer und die Position der Bake sowie die Richtung und Entfernung der nächsten Bake im Norden angab. Am 31. Oktober wurde das Depot auf 81° Süd erreicht, wo die Männer erneut einen Tag rasteten, bevor sie am 5. November 82° Süd erreichten, nachdem sie einige Tage zuvor erneut unbeschadet ein Feld von Eisspalten in dichtem Nebel durchquert hatten. Am 7. November brachen sie wieder auf; vor ihnen lag bis dahin unbekanntes Terrain. Das Wetter war gut, und so kamen sie ausgezeichnet voran. Am 9. November wurden 83° erreicht, wo ein Depot angelegt wurde, um das Gewicht der Schlitten zu verringern und die Versorgung auf der Rückfahrt zu gewährleisten. So verfuhren die Männer bei jedem weiteren Breitengrad, solange sie sich noch auf dem Schelfeis befanden. Hunde, die unterwegs getötet wurden, wurden für den Rückweg in den Depots „tiefgekühlt". 84° wurden am 13. und 85° am 16. November erreicht. Am 11. November sichtete Amundsen die Gebirgskette, die er „Königin-Helena-Kette" taufte; damit wurde ein Aufstieg unumgänglich. Amundsen musste schnell einen Weg über diese Berge finden, zunächst aber beschloss er, dem Meridian weiter nach Süden zu folgen.

Am 17. November erreichten die Norweger das Ende der Barriere und damit die Ausläufer des Transantarktischen Gebirges, nachdem sie zuvor schon einige Tage lang parallel zum Land gefahren waren. Hier wartete das erste große Problem der Südreise: einen Aufstieg durch die Berge auf das Polarplateau zu finden. Niemand war zuvor an diesem Ort des Übergangs zwischen Barriere und Festland gewesen, und so musste Amundsen sich auf sein Glück verlassen – er schlug eine Route ein, die ihm aus nicht mehr zu klärenden Gründen vielversprechend schien.

Bevor der Aufstieg am folgenden Tag begann, richtete Amundsen ein weiteres Depot ein, in das er ein Drittel der Vorräte einlagerte, die insgesamt für 90 Tage genügen sollten, und erforschte mit Bjaaland, Wisting und Hassel den Beginn der geplanten Strecke. Der erste Tag am sogenannten „Mount Betty" brachte einen Aufstieg von 600 Metern mit sich, der zunächst über einige Hänge und Gletscher führte. Am Abend des zweiten Tages kampierten die Männer auf einer Höhe von 1390 Metern über dem Meer; das schwerste Stück schienen sie hinter sich zu haben. Am 20. November stießen sie jedoch auf einen „riesigen, mächtigen, absolut fjordähnlichen Gletscher von Ost nach West", der quer zu ihrer Laufrichtung lag – den Axel-Heiberg-Gletscher. Sie benannten ihn nach Axel Heiberg, einem Mäzen vieler norwegischer Polarexpeditionen. Amundsen stellte fest, dass der erwartete leichte Weg nach oben ein Irrtum gewesen war, denn der Gletscher steigt auf knapp 13 Kilometern um über 2500 Meter und ist voller Gletscherspalten. Um keine Zeit zu verlieren und seine Leute nicht zu demoralisieren, beschloss Amundsen, den Gletscher dennoch in Angriff zu nehmen.

In den folgenden Tagen wurden neben dem Gletscher auch viele Berge benannt, etwa nach Fridtjof Nansen, Don Pedro Christophersen oder Mitgliedern der Südgruppe. Nach insgesamt nur vier Tagen mühsamer Kletterei – Amundsen hatte mit etwa zehn Tagen gerechnet – erreichte die Gruppe das Polarplateau, wo sie an einem Platz lagerte, der „Metzgerei" getauft wurde, da hier 24 der 42 verbliebenen Hunde getötet wurden. Der Aufstieg, wo oft ein Dutzend Hunde vor einen Schlitten gespannt werden musste, war vollbracht, und die Hunde wurden nicht mehr gebraucht. Sie wurden entweder an ihre Artgenossen verfüttert oder von den Männern gegessen, um durch das frische Fleisch Skorbut zu vermeiden. Von hier aus fuhr man mit den verbliebenen 18 Hunden und drei Schlitten weiter. Die Rationen reichten jetzt wegen der verringerten Anzahl der Hunde für 60 Tage.

Am 25. November brachen die Männer nach vier Tagen Aufenthalts trotz schlechten Wetters wieder auf und sahen sich bereits am folgenden Tag einem Schneesturm ausgesetzt. Trotz der geringen Sicht fuhren sie weiter, bis sie entgegen ihren Erwartungen feststellten, dass sich das Terrain abwärts neigte. Als sich das Wetter am 29. November aufhellte, sahen sie einen großen Gletscher vor sich, der von Süden nach Norden verlief; am Folgetag begann die Gruppe den Aufstieg, nachdem am Fuß bei 86° 21' ein Depot angelegt worden war, um die Schlitten zu erleichtern. Der Gletscher wurde „Teufelsgletscher" getauft, da er eine sehr zerklüftete und schwer begehbare Oberfläche hatte. Am 1. Dezember kamen die Norweger nach einem schwierigen Aufstieg im Nebel mit vielen Gletscherspalten an der Spitze des Gletschers an, wo sie ein vereistes Plateau erwartete, das Amundsen wie folgt beschreibt: „Unser Marsch über diesen gefrorenen See war nicht angenehm. Der Boden unter unseren Füßen war offensichtlich hohl, und es klang, als ob wir über leere Fässer gingen. Erst brach ein Mann ein, dann ein paar Hunde; doch sie kamen alle wieder hoch." Die Männer nannten diesen Ort „des Teufels Ballsaal". Am 6. Dezember war der höchste Punkt der Reise erreicht – 3322 Meter über dem Meer. Am selben Tag erreichte man 88° Süd. Von nun an führte die Fahrt über eine Ebene. Auf

Abb. 18: Der erste Hundeschlitten - geführt von Oscar Wisting - hat den Südpol erreicht. Foto: Die Amundsen-Expedition.

88° 25′, kurz hinter Shackletons Südrekord, wurde ein letztes Depot angelegt.

Am 8. Dezember besserte sich das Wetter, das seit der „Metzgerei" schlecht gewesen war, und blieb bis zum Pol gut. Am Nachmittag des 13. Dezember war das Ziel der Fahrt erreicht, so genau jedenfalls, wie es die Männer zu diesem Zeitpunkt feststellen konnten. Nach der Ankunft pflanzten sie die norwegische Flagge und benannten das Plateau nach dem norwegischen König und Gönner der Expedition „Haakon-VII.-Plateau". Außerdem wurden Exkursionen in die Umgebung des Lagers gemacht, um mög-

120

lichst nahe an den Pol zu gelangen, denn abendliche Messungen mit Sextant und künstlichem Horizont hatten eine Position von 89° 55' ergeben. Um weitere Messungen vorzunehmen und das Ergebnis gegen eventuelle spätere Zweifel zu sichern, legte die Gruppe weitere neun Kilometer in die Richtung zurück, die die Messungen als Süden indiziert hatten, und kampierte am 14. Dezember bei bestem Wetter. Daraufhin wurden 24 Stunden lang in stündlichem Abstand Messungen vorgenommen. Viele Ausrüstungsgegenstände wurden mit dem Wort „Südpol" und dem Datum versehen, um als Souvenir zu dienen. Bei den Messungen im Laufe des Tages stellte sich heraus, dass man trotzdem noch etwa zweieinhalb Kilometer vom Pol entfernt war – Bjaaland und Hanssen wurden von Amundsen in die entsprechende Richtung geschickt und markierten den Ort mit Fähnchen, den die Norweger letztendlich auf etwa 180 Meter genau bestimmt hatten.

Vor dem Aufbruch am 18. Dezember stellte die Gruppe ein mittlerweile überflüssig gewordenes Ersatzzelt auf, über dem sie die norwegische Flagge und den Wimpel der Fram pflanzte. Im Zelt ließ Amundsen neben einigen Ausrüstungsgegenständen einen Brief an den norwegischen König Haakon VII. zurück, damit Scott oder spätere Expeditionen ihn im Falle von Amundsens Tod auf dem Rückweg zurück nach Europa bringen konnten. Laut Raymond Priestley wurde Scott dadurch von Amundsen „vom Forscher zum Briefträger degradiert". Das Lager erhielt den Namen Polheim. Auf dem Weg dorthin hatte die Polargruppe 1400 Kilometer zurückgelegt und damit eine durchschnittliche Tagesstrecke von 25 Kilometern erreicht. Ein Schlitten wurde zurückgelassen und die verbliebenen sechzehn Hunde auf die übrigen zwei Schlitten aufgeteilt. Am

Abb. 19: Amundsen (links) und seine Begleiter Wisting, Hassel und Hanssen in Polheim im Dezember 1911. Fotograf war Olav Bjaaland.

24. Dezember erreichte man das erste Depot auf 88° 25′, zwei Tage darauf wurde der 88. Breitengrad gekreuzt.

Am 2. Januar kamen die Norweger zum Teufelsgletscher; indem sie einen anderen Weg fanden, kamen sie in nur einem Tag und ohne Schwierigkeiten bis zum Fuß des Gletschers. Das dortige Depot wurde zunächst ausgelassen. Amundsen begründet das mit schlechtem Wetter, Huntford jedoch führt an, dass Amundsen auf diesem Teil der Rückreise durch einen Berechnungsfehler die Orientierung verloren habe. Als sich der Nebel wenig später lichtete und ein Mitglied der Gruppe das Depot erkannte, kehrten zwei Mann zurück und holten die dortigen Vorräte. Am 5. Januar sollte die Gruppe das Depot an der „Metzgerei" erreichen, doch im Nebel fanden sie es nur durch pures Glück, da Wisting einen abgebrochenen Ski in der Nähe in den Schnee gesteckt hatte. Der Ort war nicht nur wegen der

Vorräte wichtig, sondern auch, um den Abstieg auf die Barriere wiederzufinden.

Die Norweger nahmen zunächst denselben Weg wie beim Aufstieg und folgten dann dem Axel-Heiberg-Gletscher bis zu seinem Zusammenfluss mit der Schelfeistafel. Die Distanz war zwar länger, sie konnten aber beträchtlich Zeit sparen. Am 7. Januar war der Fuß des Gletschers und damit das Ross-Schelfeis erreicht, nachdem die Gruppe 51 Tage lang auf dem Festland gewesen war. Man sammelte am Mount Betty einige geologische Proben, legte ein Depot mit 17 Litern Brennsprit an, zum Zeichen, dass Menschen da gewesen waren, und wandte sich dann wieder nach Norden. Von nun an mussten die Männer auf der glatten Oberfläche der Barriere keine Kräfte mehr sparen und begannen zu sprinten. Am 13. Januar wurde das Depot auf 83° Süd erreicht, das den letzten kritischen Punkt darstellte, da es im Gegensatz zu allen nördlicheren Lagern nicht senkrecht zur Nord-Süd-Achse markiert war. Am 17. Januar wurde das Depot auf 82° erreicht. Am 26. Januar 1912 kehrte man zurück nach Framheim, elf Hunde hatten die Reise überlebt. Auf der Rückreise waren im Schnitt 36 Kilometer pro Tag zurückgelegt worden, insgesamt war man 99 Tage lang gefahren und hatte über 3000 Kilometer zurückgelegt.

Die Ostreise nach Edward-VII-Land wurde laut Amundsen zusätzlich unternommen, da die Terra-Nova-Expedition die geplante Reise dorthin im vorigen Sommer nicht hatte unternehmen können. Weitere Gründe waren allerdings die Absicherung, falls Amundsen den Pol nicht als Erster erreichen sollte, und die Bestrafung Johansens (siehe oben). Prestrud, der Anführer der Gruppe, schreibt:

„Meine Anweisungen lauteten:

1. Nach Edward-VII-Land zu fahren und dort an Forschung auszuführen, was Zeit und Umstände ermöglichten.

2. Die Bucht der Wale und ihre unmittelbare Umgebung zu erforschen und zu kartieren.

3. Die Station in Framheim so weit wie möglich in Ordnung zu halten, falls wir gezwungen sein sollten, einen weiteren Winter dort zu verbringen."

Die Gruppe – bestehend aus Prestrud, Johansen und Stubberud – sollte nach Framheim zurückkehren, bevor die Fram realistisch zurückerwartet werden konnte, den Überlegungen Prestruds nach Mitte Januar. Daraufhin beschloss er, die Ostreise bis Weihnachten 1911 hinter sich zu bringen und die Arbeiten um Framheim in der ersten Januarhälfte zu erledigen. Die Dauer der Ostreise wurde auf sechs Wochen beschränkt, da man nur zwei Schlitten und sechzehn Hunde hatte, um die Ausrüstung und Vorräte zu transportieren, und nicht auf Depots zurückgreifen konnte. Am 8. November brach man auf; das erste Ziel war das Depot auf 80° Süd. Dies war zwar ein Umweg, da dort aber im September alle Vorräte, ein Großteil der persönlichen Ausrüstungsgegenstände und verschiedene Instrumente eingelagert worden waren, war er nötig. Das Depot wurde am 12. November erreicht, woraufhin die dort eingelagerten Güter aufgenommen wurden, darunter ein Theodolit, ein Hypsometer, zwei Barometer, zwei Thermometer und eine Kamera, insgesamt etwa 300 Kilogramm pro Schlitten.

124

Am 16. November wurde der 158. Meridian erreicht. Bis dahin war kein Land gesichtet worden, womit die frühere Vermutung widerlegt war, dass sich Edward-VII-Land so weit nach Süden erstreckte. Um dennoch Land zu erreichen und weil man nicht die Mittel hatte, um es weiter im Osten zu suchen, wandte sich die Gruppe hier nach Norden. Auf der Reise wurden astronomische Beobachtungen gemacht, außerdem wurden täglich der Luftdruck, die Temperatur, die Windstärke und -richtung sowie die Wolkenmenge gemessen und notiert. Am 23. November erreichte man die offene See, wo zur Aufbesserung der Vorräte einige Robben gejagt wurden, deren Fleisch teilweise in ein Depot eingelagert wurde. Die Norweger fuhren weiter nach Nordosten und stießen auf einen Anstieg, der am 28. November auf etwa 300 Metern in ein Plateau überging. Nach einigen weiteren Messungen am Rand der Schelfeistafel wandte sich die Gruppe nach Osten, um die zwei einer Landmasse zugehörigen Gipfel zu untersuchen, die mittlerweile am Horizont aufgetaucht waren und die Scott bereits 1902 von Bord der Discovery aus entdeckt und beschrieben hatte. Im Laufe des 3. Dezembers erreichten die Männer den Fuß des westlicheren dieser Berge. Zunächst wollten sie die Gipfel ersteigen, doch das Wetter war zu schlecht. Nachdem es ein wenig aufgeklart hatte, brachen sie zum näheren dieser Hügel auf, dessen Gipfel 510 Meter über dem Meeresspiegel lag, und bestiegen ihn. An der Nordseite des benachbarten Hügels entdeckten sie schneefreien Fels, nahmen geologische Proben, darunter auch solche, die moosbedeckt waren. Auf dem Rückweg ins Lager geriet die Gruppe beinahe in einen Schneesturm, der sie erreichte, als sie wieder im Zelt war, und verhinderte, dass die Gruppe noch weiter nach Osten fuhr, wie es geplant gewesen war, da sie bis zum 8. Dezember im Zelt festsaß. Da die Vorräte nach dem Schneesturm nur noch für eine Woche ausreichten, mussten die Männer am 9. Dezember umkehren, um Framheim mithilfe des Robbenfleischdepots noch erreichen zu können. Am 16. Dezember kehrten sie in ihre Basis zurück.

Zwei Tage später brach die Gruppe wieder auf, nachdem sie neue Vorräte aufgenommen und einige kleine Reparaturen vorgenommen hatte. Die Männer machten eine fünftägige Fahrt, um den langen östlichen Arm der Bucht der Wale zu erforschen, wo zuvor große Unregelmäßigkeiten in der Eisoberfläche beobachtet worden waren. Am 23. Dezember waren sie zurück in Framheim. Am 1. Januar brachen die Männer zu ihrer letzten Fahrt auf, um die südwestliche Ecke der Bucht der Wale zu erforschen. Als man am 11. Januar wieder heimkehrte, lag die Fram bereits seit zwei Tagen wieder vor Anker. Ein paar Tage wurden noch mit Exploration und Kartierung verbracht, außerdem machten einige Männer einen Besuch auf der Kainan Maru, einem japanischen Forschungsschiff, das unter Nobu Shirase den östlichen Teil des Roßmeers erforschte.

Nachdem die Fahrt von Norwegen in die Antarktis (siehe oben) beendet war, ging Amundsen in der Bucht der Wale von Bord und die Fram kam unter das Kommando des Stellvertreters Amundsens, Thorvald Nilsens. Seine Anweisungen lauteten, direkt nach Buenos Aires zu segeln, wo die notwendigen Reparaturen ausgeführt und die Vorräte sowie die Mannschaft ergänzt werden sollten. Daraufhin sollte die Fram im südlichen Atlantik zwischen Afrika und Südamerika ozeanografische Messungen vornehmen und nach Buenos Aires zurückkehren, von wo aus er in die Antarktis zurückkehren sollte, um die Küstengruppe wieder abzuholen. Falls Amundsen etwas zustoßen sollte, war es geplant, dass Nilsen seine Stelle übernehmen und den Origi-

Abb. 20: Positionsbestimmung auf der Fram mittels Sextanten.

nalplan der Expedition, die Erforschung des Nordpolarbeckens, durchführen würde.

Bevor die Fram am 15. Februar die Bucht der Wale endgültig verließ, fuhr sie so weit wie möglich in die Bucht hinein und erreichte 78° 41′ S., die südlichste Breite, die ein Schiff bis dahin erreichen konnte. Am 22. Februar wurde der Drifteisgürtel erreicht, der in nur einem Tag durchquert wurde. Am 14. März wurde der letzte Eisberg gesichtet, am 31. kreuzte man Kap Hoorn. Am 17. April ankerte die Fram nach 62 Tagen Fahrt in Buenos Aires. Dort stellte sich heraus, dass das Geld, das Nilsen zur Verfügung stehen sollte, niemals abgeschickt worden war, aus dem einfachen Grund, dass keines da war. Somit konnte die Überholung der Fram nicht bezahlt werden, die sie dringend benötigte. Der in Buenos Aires ansässige Norweger Don Pedro Christophersen, der ursprünglich die Vorräte und den Treibstoff hatte bezahlen wollen, erklärte sich jedoch bereit, die Überholungskosten zu übernehmen. Er versprach weiterhin, eine Rettungsexpedition zu senden, sollte die Fram bis zu einem gewissen Datum nicht nach Australien zurückkehren. Nachdem einige zusätzliche Seeleute engagiert worden waren, brach die Fram am 8. Juni zu der dreimonatigen Vermessungsfahrt auf, auf der Temperatur und Wasserproben in unterschiedlichen Wassertiefen gemessen sowie Planktonproben genommen wurden. Am 30. Juni kreuzte das Schiff seinen Kurs von Norwegen in die Antarktis und vollendete damit seine erste Weltumsegelung. Die Inseln St. Helena und Trindade wurden am 29. Juli bzw. am 12. August passiert. Am 19. August waren die Untersuchungen beendet und man fuhr zurück nach Buenos Aires, wo man am 1. September ankerte.

Am 5. Oktober lief das Schiff wieder aus Buenos Aires aus. Am 28. Dezember stießen die Norweger auf den Drifteisgürtel – eineinhalb Breitengrade früher als erwartet. Die Fram erreichte die Barriere schließlich am 8. Januar; damit war eine Reise von 25.000 Seemeilen abgeschlossen.

Abschluss der Expedition

Die Fram kehrte am 9. Januar 1912 in die Bucht der Wale zurück, am 30. Januar ging Amundsen an Bord und die Expedition brach zur knapp 4500 Kilometer langen Fahrt nach Hobart auf. Man nahm nur die Hunde und wertvolle Ausrüstungsgegenstände mit, da Amundsen annahm, Scott sei noch im Rennen (in Wirklichkeit befand er sich noch auf dem Polarplateau). Es wurde als ein Teilaspekt des Sieges betrachtet, als erster mit den Meldungen an die Öffentlichkeit zu gehen.

Man folgte einem nördlichen Kurs, bis man Kap Adare und die Balleny-Inseln erreicht hatte, und daraufhin einem nordwestlichen Kurs. Drei Tage nach dem Aufbruch stieß die Fram auf den Rand des Drifteisgürtels, der am 6. Februar durchquert war. Drei Tage später hatte sie die Polarregion verlassen, am 7. März kam sie in Hobart an. Von dort sandte Amundsen ein verschlüsseltes Telegramm an seinen Bruder Leon, um die vor der Expedition an ausgewählte Zeitungen verkauften Exklusivrechte zu wahren. Der dekodierte Text lautete „Pol erreicht 14.–17. Dezember. Alle wohlauf."

Die Fram blieb 13 Tage in Hobart, bevor sie am 20. März wieder in Richtung Osten aufbrach. Am 6. Mai wurde Kap Hoorn zum zweiten Mal gekreuzt, bevor das Schiff am 23. Mai in Buenos Aires vor Anker ging. Am 7. Juni schifften sich alle Mitglieder der Expedition außer Amundsen und Nilsen nach Norwegen ein. Die meisten hatten eingewilligt, Amundsen auf dem zweiten Teil der Expedition erneut zu begleiten, der 1918 realisiert wurde. Amundsen selbst kehrte am 31. Juli inkognito nach Norwegen zurück.

Der Haupterfolg der Expedition ist die Ersterreichung des Südpols, die auch explizites Ziel war. Weiterhin wurden die Ausmaße und der Oberflächencharakter des Ross-Schelfeises bestimmt und eine Landverbindung zwischen Viktorialand und Edward-VII-Land bestätigt. Die Ostreise nach Edward-VII-Land bestätigte Scotts Entdeckung von der Discovery-Expedition und brachte Gesteinsproben zurück, mit deren Hilfe und derer der Steine Amundsens die von Scott und Shackleton ermittelte geologische Zusammensetzung der Regionen bestätigt werden konnte. Diese Gruppe erforschte auch die Umgebung der Bucht der Wale und erlangte einige Ergebnisse über die Bildung von Gletscherspalten und den Übergang zwischen Schelf- und Meereis. Die meteorologischen Messdaten waren eine wertvolle Ergänzung zu den gleichzeitigen Aufzeichnungen anderer

Expeditionen. Amundsens ozeanografische Daten erwiesen sich als „wertvolles Vergleichsmaterial" zum Studium des Strömungssystems im Atlantik und der Wärmeverteilung im Wasser. Weiterhin wurden wichtige Informationen über die Konstruktion des Polarplateaus erlangt.

In einem Brief an König Haakon beschreibt Amundsen kurz die geografischen Entdeckungen: „Majestät, wir haben den südlichen Punkt der großen „Ross-Eisbarriere" bestimmt sowie die Verbindung von Viktoria-Land und King-Edward-VII-Land. Wir haben eine mächtige Gebirgskette mit Gipfeln bis zu 22.000 Fuß entdeckt […] Wir haben festgestellt, dass das große Inlandplateau […] langsam vom 89. Breitengrad an abfällt […]." Die Berge, die die Norweger entdeckten, sind allerdings etwa um ein Drittel niedriger.

Zu seiner langgeplanten siebenjährigen Drift durch die arktischen Gewässer, dem zweiten Teil der Fram-Expedition, brach Amundsen im Juli 1918 auf, wenn auch mit einem anderen Schiff, der Maud.

VI. Auf Tod und Leben gegen die Natur

Dieses Jahr 1912 ist der „Annus mirabilis", das Wunderjahr der Antarktis. Unmittelbar vor dem Weltunglück regt sich der Forschungseifer der großen, wirtschaftlich gedeihenden Völker. Das große Unternehmen des unglücklichen Scott, Roald Amundsen und eine japanische Expedition unter Leutnant Shirase arbeiten getrennt, aber gleichzeitig im Ross-Gebiet, während der deutsche Forscher Wilhelm Filchner die Küste des Weddellmeers und Douglas Mawson das Adelie-Land in Angriff nehmen.

Abb. 21: Mawson kämpft gegen den antarktischen Wind an.

Wenden wir uns zunächst dem Unternehmen des australischen Staats zu. Als naher Nachbar der Antarktis hatte er erklärlicherweise den ihm zugewandten Küstenabschnitt als Arbeitsgebiet ausersehen. Der Plan des uns schon bekannten Forschers Mawson lautete in großen Zügen: Einrichtung einer Station für Funkdienst, Wetter und Manöverbeobachtung auf der Macquarie-Insel, Landung von drei Abteilungen auf dem antarktischen Festland in weiten Abständen zwischen Kap Adare und dem Gaußberg. Von diesen drei Standlagern Schlittenvorstöße nach allen Hauptrichtungen.

Gleich nach dem Verlassen der Macquarie-Insel begann der Kampf mit den Stürmen des Südpolarkreises. Der australische Quadrant hat den üblen Ruf des windigsten von allen Vieren, was viel heißen will. Auch im antarktischen

Sommer ist die Landung im Adelie-Land ein großes Wagnis. Die Meerestiefen sind völlig unbekannt, riesige Eisberge treiben vor der schwer vergletscherten Steilküste. Wenn der Südsturm von der inneren Hochfläche herunterstürzt, hält weder Kette noch Anker. Nach langem Suchen finden sie in der „Commonwealth-Bucht" einen verhältnismäßig günstigen Platz zum Ausladen. Mawson und 17 Mitarbeiter bauen sich dort ein gutes, flaches, mit Stahltrossen sorgfältig verankertes Haus. Die „Aurora" unter ihrem rühmlichst bekannten Kapitän J. K. Davis fährt westwärts, entdeckt K ö n i g i n - M a r y - L a n d und setzt Frank W i l d mit 7 Gefährten in der Nähe des Gaußbergs aufs Eis. Der Gedanke an die Landung einer Ostabteilung muss wegen der schon vorgerückten Jahreszeit aufgegeben werden.

Im bald einsetzenden neunmonatigen Winter beginnen die Erfahrungen mit dem „Klima" dieser Gegenden. Der Südsturm macht hier an den meisten Tagen den Aufenthalt im Freien zur Qual, wenn nicht zur Unmöglichkeit. Die mit Treibschnee und Eiskristallen gesättigte, mit wahrer Berserkerwut anbrausende Luft, ist ohne eine Art von Taucherhelm nicht zu atmen. Die ausscheuernde Wirkung dieser Schneestürme ist erstaunlich. Was nicht niet- und nagelfest ist, wird ins Meer geblasen. Schwere Kisten werden losgerissen und verschwinden spurlos. Vor jedem Gang zu einem der automatisch aufzeichnenden Apparate in den Beobachtungshütten hüllt sich der Mann vom Dienst sorgfältig in seinen Taucheranzug, schnallt Eissporen an und nimmt den Eispickel zur Hand. Es geht immer auf Tod und Leben. Verlässt der Pflichteifrige die schützenden Schneegrotten um die Hütte gegen den Wind, so wirft ihn dieser zunächst einmal zu Boden, wo er sich mit Pickel und Sporen einen Halt einkratzen muss, um auf der glasharten Schneekruste nicht ins Meer geblasen zu werden. Der Vor-

132

Abb. 22: Australische Antarktis-Expedition: Untersuchung einer Eishöhle.

sichtige bewegt sich gleich nur als Vierbeiner, der Waghalsige legt sich buchstäblich auf den Wind und versucht so sein Glück; lässt der Sturm einen Augenblick nach, so fällt er auf die Nase. Im Adelie-Land blüht auch der reizvolle Sport des „Windrodelns", wozu man nichts braucht als eine Eisfläche, einen Orkan, die nötige Unverschämtheit und ein Brett. Da die drei ersten Erfordernisse immer vorhanden sind, ist nur das Brett mitzuführen. So scherzen die jungen Gelehrten mit der täglichen Gefahr. Groß ist ihre Freude an der wohlgebauten Hütte. Bei 4° über Null, guter Kameradschaft, kräftigem Esten und einem Grammophon ist es dort urgemütlich. Man raucht viel, ulkt einander an, fuhrt sogar eine fünfaktige Oper auf und schlägt sich so ganz fröhlich durch den Winter. Auch die Hunde sorgen immer für einige Abwechslung. Der Funkdienst tut im Anfang nicht recht. Diese Technik ist im Jahre 1912 für die Antarktis noch nicht genug ausprobiert, aber sie lernen es allmählich.

Im September 1912 beginnen die Frühlingsprobefahrten. Die Hunde werden angebunden, und der Propellerschlitten wird ausgeschaufelt, was bei seiner späteren Leistung als Arbeitsluxus gebucht werden muss. Im November trennen sie sich zum bitteren Ernst der Schlittenvorstöße ins unbekannte Land. Leutnant Bage, der Magnetiker Webb und der hochbegabte Lichtbildner Frank Hurley zielen südwärts. Aber der Pol ist vom Adelie-Land 1100 km weiter entfernt als von der Ross-Barre und daher völlig außer dem Bereich der Möglichkeit. Das Gelände steigt an, und sie erreichen 500 km von der Winterhütte schon eine Höhe von gut 1800 m. Nun müssen sie kehrtmachen. Auf dem Heimweg finden sie ein Proviantlager nicht und leben schließlich fast ganz von Alkohol, den ihnen Mawson zwar nur als Brennstoff, aber zum Glück nicht denaturiert mitgegeben hat. Dem vorsichtigen Anführer schwebte der eingetretene Notstand wohl schon im Geiste vor. Die drei sind jung und stark, die Entfernung ist nicht allzu groß, so reißen sie es durch und kommen mit einem wahren Wolfshunger heim.

Mawson, Leutnant Ninnis und der Schweizer Dr. Xaver Mertz haben die Oststrecke gewählt. Der magnetische Südpol, das vorgesetzte Ziel, ist fast erreicht, sie sprechen schon von der Rückkehr, von der „Aurora" und der Heimfahrt. Mertz bahnt die Spur auf Schneeschuhen, Mawson folgt mit dem ersten, Ninnis mit dem zweiten Hundeschlitten. Mertz hebt den Stock — nun ja — eine Schneebrücke über eine der vielen Spalten. Sie trägt, Mawson kommt glücklich hinüber und hört hinter sich das Winseln eines Hundes. Er denkt, Ninnis wird einem Unfolgsamen eins gegeben haben, da blickt er in die entgeisterten Äugen des zurückschauenden Mertz. Von Ninnis, den Hunden, dem Schlitten keine Spur. Die Schneebrücke, die Mertz und den

Abb. 23: Xavier Mertz, Belgrave Edward Sutton Ninnis und Herbert Murphy, auf dem Weg zum Aladdin's Cave Depot mit Hunden während der australischen Antarktis-Expedition.

auf dem Schlitten sitzenden Mawson getragen hat, ist unter den Tritten des nebenher schreitenden Ninnis glatt durchgebrochen. Sie liegen am Rand der Spalte und starren hinab; 50 m unter ihnen, auf einem Eissporn, winselt ein Hund mit gebrochenem Rückgrat, den Freund hat sie dunkelblaue Tiefe verschlungen. Sie rufen stundenlang, Mawson spricht ein Gebet, und zwei traurige Männer gehen denselben Weg zurück, den kurz vorher drei hoffnungsfrohe gezogen waren. Die besten Hunde und der größte Teil des Brennstoffs und der Lebensmittel liegen drunten im Eisloch beim toten Freund, und nun grinst die Überlebenden das weiße Gespenst an. Mertz würgt bald der Ekel vor dem halbrohen Hundefleisch. Bei der unmäßigen Anstrengung kommt die Erschöpfung rasch, und langsamer Marsch heißt verhungern. Eines Morgens liegt ein starrer Mann neben Mawson im zugeknöpften Schlafsack. Nun ringt der letzte allein mit dem Weißen Tod, zäh und verbissen, nach dem allzu Schweren ohne wirklichen Anteil am eigenen Leben. Er möchte seine Aufzeichnungen noch in möglichste Nähe der Winterhütte bringen, damit sie vielleicht gefunden werden — um der Wissenschaft willen. Auch mit ihm geht's zu Ende. Da findet er einen Proviantsack, den eine Suchabteilung für sie niedergelegt hat. Nur wenige Kilometer vor der Hütte muss der Erschöpfte einen siebentägigen Schneesturm in einer Eishöhle aushalten. Er wagt den letzten Marsch und steht am Eisrand über der Commonwealth-Bucht: Am Horizont verweht eben der letzte Rauch des Heimatschiffs. Die „Aurora" musste fahren, wollte sie nicht die eigene Besatzung und die Westabteilung am Gaußberg dem Untergang preisgeben. In einem Jahr kommt sie wohl wieder. Sechs Kameraden sind in der Hütte geblieben und nehmen den abgezehrten, fast gemütskranken Anführer auf. Er fühlt sich als Krüppel und funkt der harrenden Braut, dass er sie freigebe. Sie funkt zurück: „Ich begnüge mich mit den Resten." Die hellsehende Frau hat recht behalten — es ist noch viel übriggeblieben.

Der zweite Winter ist stiller. Aber die sieben Freunde fühlen sich durch den wesentlich verbesserten Funkdienst mehr mit der Welt und besonders der Heimat verbunden. Im Dezember 1913 werden sie endlich von der „Aurora" erlöst und machen noch eine erfolgreiche Entdeckungsfahrt an der Küste entlang. Im Februar 1914 sind sie in der Heimat, von Tausenden erwartet: „Der Willkommensgruß — es schnürt einem die Kehle zu, man bringt kein Wort heraus." Wir können es diesem herzgewinnenden Menschen und großen Forscher nachfühlen und wollen mit seinem Bericht den Abschnitt von den großen Landreisen in der Antarktis schließen.

VII. Gefährliche Eisdrift wider Willen

Die „Belgica" des A. de Gerlache und die „Deutschland" der Filchner-Expedition überstehen die Eispressung / O. Nordenskjöld und E. Shackleton verlieren ihre Schiffe / Drift auf Eisscholle und wunderbare Rettung

Von der Landreise und der Seefahrt mit frei gewählten Zielen ist eine dritte Art der Fortbewegung zu unterscheiden: die unfreiwillige Drift im Packeis. Anders als im landarmen Nordpolarbecken, dessen Erkundung durch den absichtlich in die große ostwestliche Eisdrift eingebetteten „Fram" Nansens Namen für immer unsterblich gemacht hat, ist im Südpolargebiet mit seiner großen zentralen Landmasse von einem im Packeis steckenden Schiff kein Eindringen in die Geheimnisse der näheren Umgebung des Pols zu erwarten. Die zahlreichen Schiffe, die in antarktischen Gewässern in die Gewalt des Eises gerieten, haben diese Gefahr nicht ausgesucht, sondern nur als gefährliche Zugabe ihrer Landungsversuche hingenommen. Sie waren nicht alle richtig auf Eispressung gebaut und haben diese daher auch nicht alle überstanden. Die Seitenwände des eigentlichen Eisschiffes müssen so schräg gestellt und so stark verstrebt sein, dass sich der seitliche Eisdruck in senkrechten Hub verwandeln kann. Das gepresste Schiff muss „aufs Eis klettern", wobei sich immer noch allerlei Unliebsames ereignen kann. Diese starke Abschrägung ist für die Seefahrt nicht günstig, solche Schiffe „schlingern" entsetzlich, und es ist bekannt, dass bei der ersten Fahrt des „Fram" eine Menge Decklast über Bord ging. Demgemäß stellen Form und Bauart des Eisschiffes einen Ausgleich zwischen Seefähigkeit und Rücksicht auf Eisdruck dar, in der man natürlich nicht so weit gehen darf, dass das zur Bezwingung der Polarnöte gebaute Schiff schon vor Insichtkommen des ersten Eisberges kentert.

Abb. 24: Die Belgica während Amundsens erster Polarexpedition.

In kürzer währenden Eisdruck gerieten und geraten natürlich die meisten Walfischfänger und fast alle Forschungsschiffe. Der erste schwere Fall war der des Schiffes „Belgica" unter Adrien de Gerlache, einem belgischen Forscher im Jahre 1898. Sie hatten an der Nordküste von Grahamland Lotungen und Kartenaufnahmen gemacht und dann Bellingshausens Entdeckung, das Alexander-I.-Land, gesichtet. Bei weiterem Vordringen in südlicher Richtung schloss sich das Packeis um das tollkühne Schiff, das die beiden späteren Polbezwinger Roald Amundsen und Dr. F. A. Cook unter seine bunt gemischte Besatzung zählte. Es darf hier ausgesprochen werden, dass der unbezweifelte Ersteroberer des Südpols dem stark angezweifelten, als Schwindler geschmähten Frederik Cook sein Leben lang Freundestreue hielt. Bei der einjährigen Eisdriftfahrt der „Belgica" bewährte sich Cook als tüchtiger, trostbringender Arzt der zahlreichen Kranken wie als Mensch und Praktiker in gleicher Weise.

Die Eisumklammerten stellten sich mit Mut und Eifer auf die Überwinterung ein, für die weder das Schiff noch die Besatzung ausgerüstet waren. Seehunde und Pinguine wurden geschossen und aufgestapelt, während der wissenschaftliche Stab magnetische, wetter- und meereskundliche Untersuchungen anstellte. Am 17. Mai sahen sie die Sonne zum letzten mal. Die siebzigtägige antarktische Nacht begann. Bald forderte sie ein Opfer. Der belgische Leutnant Emil Danco, der Magnetiker an Bord, erlag einem Herzschlag. Das Schiff stöhnte unter der Eispressung, und bald

138

traten furchtbare Krankheiten auf — Skorbut und Wahnsinn. Dr. Cook war unermüdlich und eroberte sich die Zuneigung aller. Oft ging er nach seinem harten Tagesdienst noch auf die Seehundejagd, um frisches Fleisch für seine Kranken beizubringen. Die endlich wiederkehrende Sonne beschien eingefallene, traurige Gesichter. Ungeduldig erwarteten sie die Lockerung des Eises. Ein zweiter solcher Winter hätte den Tod aller bedeutet. Cook schlug vor, einen Kanal bis zur nächsten offenen Stelle auszusägen, und diese Arbeit richtete die Verzweifelten auf. Alles war besser als das untätige, zum Wahnsinn treibende Warten. Nach gefährlichen neuen Pressungen wurde die „Belgica" im März 1899 endlich frei und konnte nach Punta Arenas dampfen. Die Forschungsgeschichte war um eine furchtbare Erfahrung reicher geworden.

Kapitän C. A. Larsen verlor sein Schiff, die „Antarktik", am 12. Februar 1903 im Eisdruck in der Gegend der Joinville-Insel, während der Anführer dieser schwedischen Expedition, Dr. Otto Nordenskjöld, im Grahamland der Abholung harrte. Schiffsmannschaft und Landabteilung wurden nach langer, schwerer Wartezeit durch die todesmutige Rettungsfahrt des argentinischen Kanonenboots „Uruguay" unter Kapitän Irizar erlöst.

In diesen Abschnitt der Eisdrift wider Willen gehört auch die Unternehmung des vorher als Asienreisender bekanntgewordenen Dr. Wilhelm Filchner mit der „Deutschland", vormals „Björn", einem norwegischen Segelschiff mit Hilfsmaschinen unter Kapitän Richard Vahsel. Filchners Gedanke war ursprünglich: Ein Schiff in die Weddell-See, ein zweites ins Ross-Meer, Landabteilungen von beiden treffen sich beim Südpol. Wenn man auch die Möglichkeit der Funkverbindung beider Abteilungen von ihren Winterlagern aus annimmt, hätte dieser Plan doch ein

Abb. 25: Dr. Wilhelm Filchner, der bekannte deutsche Asienforscher.

in der rauen Praxis selten mögliches, höchst genaues Zusammenarbeiten verlangt. Aus Geldmangel wurde er nach freundlicher Verständigung mit Kapitän Scott und dem bekannten Antarktiker Dr. I. S. Bruce auf die Weddellsee-Hälfte beschnitten.

Die „Deutschland" verließ Hamburg am 3. Mai 1911 und erreichte Buenos Aires am 7. September nach Erledigung eines reichhaltigen meereskundlichen Arbeitsplanes. Voraus gesandte mandschurische Pferdchen und grönländische Hunde wurden an Bord genommen, während der „Fram" neben dem deutschen Schiff im Hafen festmachte.

Abb. 26: Die Deutschland an der Eiskante.

Nach allerlei rauen Schicksalen in den vorantarktischen Gewässern um Süd-Georgien und die Süd-Sandwichinseln wurde am 17. Dezember 1911 schweres Packeis erreicht, das sich nach langem, erbittertem Kampf südwärts auftat, so dass am 29. Januar Weddells südlichste Breite von 74° 15' überschritten werden konnte. Am nächsten Tag sahen sie im Südosten ein noch unbekanntes Land, das hinter einer Eissteilküste langsam auf etwa 700 m anstieg, eine deutliche Fortsetzung von

Coatsland, der Filchner den Namen seines Landesvaters Prinzregent Luitpold gab. Die südwestlich anschließende, etwa zwanzig Meter hohe Eisbarre wollte er nach Kaiser Wilhelm benennen, worauf dieser jedoch zugunsten des Entdeckers verzichtete. Es waren zwei wichtige Ergänzungen des seitherigen Bildes, durch welche die Ähnlichkeit des Weddellgebiets mit dem gegenüberliegenden Rossgebiet wesentlich verdeutlicht wurde. Wenig glücklich waren die Versuche, festen Fuß auf der Eisbarre zu fassen. Eine Landung und ein Hausbau auf dem „Stationseisberg" mussten jäh abgebrochen werden. Die ganze Gegend kam in Bewegung. Neben dem Stationsberg segelte schon eine Eisinsel von 30 km Länge langsam nordwärts. Es war hier in der „Vahsel-Bucht" genau derselbe Vorgang, der sich vor der beabsichtigten Landung Shackletons in der Walfischbucht vollzogen hatte. Mit Mühe und Gefahr wird der größte Teil der gelandeten Habe wieder aufs Schiff gebracht, um das sich nun der Eisgürtel legt. Die Drift im Packeis hat begonnen. Aber die „Deutschland" widersteht allen Pressungen. Sie ist gut auf den Polarwinter eingerichtet, es wird elektrisches Licht erzeugt und so das Leben, in der langen Nacht durchaus erträglich gemacht. Auf der Nachbarscholle werden die Hunde und Pferde in Ställen untergebracht und später sogar freigelassen, was eine rührende Verbrüderung der beiden Tierarten zur Folge hatte. Angenehme Geselligkeit, Wintersport und Seehundjagd halten die Besatzung gesund. Im Juni 1912 wagte Filchner mit Dr. König und Kapitän Kling einen äußerst schneidigen Schlittenvorstoß auf der Suche nach dem 1823 erstmals gesichteten Morell-Land oder Neu-Süd-Grönland. In acht Tagen legten sie im Polarwinter über 150 Kilometer zurück, wovon 50 auf die Driftbewegung ihrer rauen Reisefläche entfielen. Morell-Land war nicht aufzufinden. Da, wo es sein sollte, fand das Lot mit 1100 m Leine keinen Grund. Die

„Deutschland" hatte einstweilen 60 km im Zickzackkurs gemacht. Derartige Fahrten über treibende Packeisflächen sind äußerst gefährlich, weil die Richtung und Geschwindigkeit der eigenen wie der Schiffstrift unberechenbar und daher das verlassene Schiff nicht leicht wieder aufzufinden ist. Man kann diesen Ausflüglern die Freude nachfühlen, mit der sie am achten Tag von einem Pressrücken die Mastspitzen der „Deutschland" sichteten. Sehr schmerzlich war allen die schwere Erkrankung ihres Kapitäns Vahsel. Er starb am 8. August und wurde ganz nahe am Südpolarkreis bestattet.

Am 26. November 1912 wurde die „Deutschland" auf 63°37' Süd zu 36°34' West wieder frei. Sie waren in 9 Monaten mit unendlichen Umwegen über 10 Breitengrade oder 1113 km in der Luftlinie getrieben. Nach einiger Herumbalgerei mit dem schmelzenden Packeis kamen sie am 16. Dezember in offenes Wasser, 1 Jahr und 2 Tage, nachdem sie es verlassen hatten. Es war eine der längsten, aber auch glimpflichsten Driftfahrten. Drei Tage später landeten sie in Süd-Georgien. Filchner wollte seinen Plan noch nicht aufgeben. Er fuhr nach Berlin, konnte aber dort die nötigen Mittel zu einem neuen Versuch nicht auftreiben. Die zweite deutsche Unternehmung nach der Antarktis war zu Ende.

*

In denselben Gewässern und Packeisflächen der übel beleumundeten Weddell-See sollte bald darauf die erstaunlichste Eisdriftfahrt der antarktischen Forschung stattfinden.

VIII. Die Endurance-Katastrophe Shackletons

Die **Endurance-Expedition**, offiziell Imperial Trans-Antarctic Expedition, war eine Antarktisexpedition in den Jahren 1914 bis 1917. Sie war die letzte große Expedition des Goldenen Zeitalters der Antarktis-Forschung. Gemein hatten diese Expeditionen die Beschränktheit der für sie verfügbaren Ressourcen, bevor der Fortschritt auf den Gebieten von Transport und Kommunikation die Art der Expeditionen grundlegend änderte. Die von Ernest Shackleton geleitete Unternehmung hatte das Ziel, als erste den antarktischen Kontinent zu durchqueren. Die Expedition scheiterte, bleibt aber besonders bekannt, weil alle Expeditionsmitglieder der Gruppe unter Shackleton unter äußerst widrigen Umständen überlebten.

Die Expedition bestand aus zwei Gruppen, die auf zwei Schiffe verteilt waren. Das Schiff Endurance, das Shackleton mit der Hauptgruppe beförderte, sollte in die Weddell-See segeln, um dort anzulanden. Die Aurora mit der sogenannten Ross Sea Party sollte in der Zwischenzeit zur gegenüberliegenden Seite des Kontinents reisen und vom McMurdo-Sund aus eine Reihe von Depots anlegen. Die Endurance blieb bereits im Packeis der Weddell-See stecken, bevor sie ihr Ziel, die Vahsel-Bucht, erreichte. Nachdem sie im Eis zerdrückt wurde und sank, gelang es der Mannschaft, in Rettungsbooten Elephant Island zu erreichen. Eine kleine Gruppe fuhr weiter nach Südgeorgien, um dort Hilfe zu organisieren. Alle Mitglieder der Hauptgruppe konnten gerettet werden. Die Ross Sea Party legte die geplanten Depots unter großen Schwierigkeiten an. Dabei starben drei Männer.

Nach seiner Rückkehr von der Nimrod-Expedition 1909 verbrachte Shackleton eine ruhe- und ziellose Zeit, obwohl seine Leistung eines neuen Südrekords (88° 23′ S) öffentlich anerkannt worden war. Die Art seiner zukünftigen Arbeit in der Antarktis hing jetzt von den Erfolgen von Scotts Terra-Nova-Expedition ab, die Cardiff im Juli 1910 in Richtung Südpol verlassen hatte, da ein Erfolg Scotts einen erneuten Anlauf zum Pol sinnlos machen würde.

Shackletons Zukunft wurde klarer, als ihn am 11. März 1912 die Nachricht über Roald Amundsens unerwarteten Sieg im Rennen um den Südpol erreichte. Der Pol selbst konnte kein Ziel mehr sein, ganz gleich, was Scott erreichte. Shackleton schrieb: „Die Entdeckung des Südpols wird nicht das Ende der Antarktisforschung sein." Die neue Aufgabe werde seiner Meinung nach „eine transkontinentale Reise von Meer zu Meer, den Pol berührend", sein. Er konnte sich nicht sicher sein, dass diese Aufgabe ihm zufallen würde, da auch andere Expeditionen aktiv waren: Am 11. Dezember 1911 war eine deutsche Expedition unter Wilhelm Filchner in Südgeorgien aufgebrochen, deren Ziel es war, tief ins Weddellmeer vorzustoßen, eine südliche Basis einzurichten und von dort aus zu versuchen, den Kontinent bis zum Roßmeer zu überqueren. Ende 1912 zog sich Filchner nach Südgeorgien zurück, nachdem er es nicht geschafft hatte, sein Ausgangslager einzurichten. Seine Entdeckung von möglichen Landungsplätzen in der Vahsel-Bucht wurde von Shackleton jedoch zur Kenntnis genommen und auch in seine Expeditionspläne einbezogen.

Im Laufe des Jahres 1913 begann Shackleton in der Folge der Neuigkeiten über den Tod Scotts und seiner Männer auf der Rückreise vom Südpol mit den Vorbereitungen für seine eigene transkontinentale Expedition. Er erbat finanzielle und praktische Hilfe unter anderem von Tryggve Gran von der Terra-Nova-Expedition und dem ehemaligen Premierminister Lord Rosebery, erhielt jedoch von beiden kaum Unterstützung. Gran war ausweichend, Rosebery offen: „Ich konnte mich nie auch nur für einen Pfennig für die Pole interessieren." Mehr Hilfe fand er bei William Speirs Bruce, der bereits in der Antarktis gewesen war und Pläne für eine an Geldmangel gescheiterte Antarktisquerung gehabt hatte. Bruce erlaubte Shackleton freudig, seine Pläne zu übernehmen, allerdings hatte der endgültige Plan kaum noch Übereinstimmungen mit Bruce. Am 29. Dezember 1913 machte er seine Pläne in einem Brief an die Times öffentlich, nachdem ihm eine gewisse finanzielle Rückendeckung zugesichert worden war – von der britischen Regierung hatte er ein Versprechen über £ 10.000 erhalten.

Shackletons Plan und die Finanzierung

Shackleton gab seiner Expedition den großen Titel Imperial Trans-Antarctic Expedition („Imperiale Trans-Antarktische Expedition"); um das Interesse der Öffentlichkeit zu wecken, wurde Anfang 1914 ein detailliertes Programm veröffentlicht. Die Expedition sollte aus zwei Gruppen und zwei Schiffen bestehen. Die Weddellmeer-Gruppe sollte mit der Endurance reisen und ins Gebiet der Vahsel-Bucht vordringen, in der vierzehn Männer landen sollten. Von diesen vierzehn Männern sollten sechs unter Shackletons Kommando die Transkontinentalgruppe bilden, laut Huntford (S. 401) hätten dies Shackleton, Hurley, Macklin, Wild, Marston und Crean sein sollen. Diese Gruppe sollte mit 100 Hunden, zwei Motorschlitten und Ausrüstung, die „alles umfasst, das die Erfahrung der Leiter und seiner Ratgeber vorschlagen kann" ausgestattet die ungefähr 2900 Kilometer lange Reise zum Roßmeer unternehmen. Die übrigen acht Mitglieder der Küstengruppe würden wissenschaftliche Arbeiten durchführen, wobei je drei nach Grahamland und nach Enderbyland gehen und zwei in der Basis bleiben sollten.

Die Ross Sea Party hatte den Auftrag, mit der Aurora in die Roßmeer-Basis im McMurdo-Sund auf der anderen Seite des Kontinents zu fahren. Nach der dortigen Landung sollten die Männer „Depots auf der Route der Querungsgruppe anlegen, einen Marsch nach Süden machen, um den Männern [der Querungsgruppe] zu helfen und geologische und andere Beobachtungen machen." Die Rolle der Ross Sea Party war lebenswichtig; Shackletons Gruppe sollte lediglich Vorräte mitnehmen, die sie bis zum Fuß des Beardmore-Gletschers bringen würden. Ihr Überleben auf den letzten 650 Kilometern zur Basis im Roßmeer würde von den bei zuvor vereinbarten Koordinaten gelegten Depots über das Ross-Schelfeis hinweg abhängen.

In seinem Programm drückt Shackleton deutlich die Absicht aus, dass die Querung in der ersten Saison stattfinden sollte (1914/15). Später erkannte er die Undurchführbarkeit dieses Plans und sollte Aeneas Mackintosh, den Leiter der Ross Sea Party, von der Planänderung informiert haben. Laut des Korrespondenten des Daily Chronicle, Ernest Perris, wurde das entsprechende Telegramm allerdings nie gesendet, eine Unterlassung, die die erste Arbeitssaison der Ross Sea Party unnötig erschwerte.

Shackleton nahm an, er würde £ 50.000, (in heutiger Kaufkraft 4,37 Millionen £), benötigen, um die Grundversion seines Plans auszuführen. Er setzte kein Vertrauen in Aufrufe an die Öffentlichkeit: „[sie] verursachen endlose Buchhaltungssorgen". Seine Methode, an Gelder zu gelangen, bestand darin, von wohlhabenden Gönnern Geld zu erbitten. Mit diesem Prozess hatte er Anfang 1913 zunächst mit wenig Erfolg begonnen. Der erste bedeutende Durchbruch erfolgte im Dezember 1913, als ihm die Regierung £ 10.000 anbot – eine nützliche Summe, die jedoch nur die Hälfte dessen war, was er für die Abbezahlung der Schulden von der Nimrod-Expedition erhalten hatte. Der Großteil des damals in England gesammelten Geldes zur Finanzierung der Nimrod-Expedition hatte aus zurückzahlbaren Anleihen bestanden, die Shackleton ohne das Geld der Regierung nicht hätte zurückzahlen können. Die Royal Geographical Society, von der er nichts erwartet hatte, gab ihm £ 1000 – laut Huntford antwortete Shackleton in einer großzügigen Geste, dass er nur die Hälfte dieser Summe

146

benötigen würde, obwohl er das Geld gut hätte brauchen können. Als die Zeit allmählich knapp wurde, wurden im Frühling und Frühsommer 1914 schließlich die letzten Gelder gesichert. Dudley Docker von der Birmingham Small Arms Company (BSA) gab £ 10.000, die reiche Tabakerbin Janet Stancomb-Wills spendete eine „großzügige" Summe (deren genauer Umfang niemals veröffentlicht wurde), und im Juni kamen vom schottischen Industriellen Sir James Caird weitere £ 24.000. „Dieses wunderbare Geschenk erleichtert mich von aller Sorge", informierte Shackleton die Morning Post.

Shackleton hatte nun das Geld, um den nächsten Schritt zu unternehmen. Für £ 11.600 erwarb er eine 300-Tonnen-Schonerbark namens Polaris, die für den belgischen Forscher Adrien de Gerlache de Gomery für eine Expedition nach Spitzbergen gebaut worden war. De Gerlaches Plan wurde jedoch nie ausgeführt und das Schiff wurde verfügbar. Shackleton änderte den Namen in Endurance, entsprechend seinem Familienmotto („By endurance we conquer" – etwa: Durch Ausdauer ans Ziel). Weiterhin kaufte er für £ 3.200 Douglas Mawsons Expeditionsschiff, die Aurora, die in Hobart, Tasmanien, vor Anker lag. Sie diente als Schiff der Ross Sea Party.

Die gesamte von Shackleton gesammelte Summe ist unbekannt, da die Höhe der Spende von Stancomb-Wills nicht bekannt gegeben wurde. Geldmangel war jedoch ein konstanter Begleiter der Expedition. Als Sparmaßnahme wurden die der Ross Sea Party zur Verfügung stehenden Geldmittel um die Hälfte gekürzt; dies erfuhr Aeneas Mackintosh, der Kommandant der Gruppe, erst, als er in Australien sein Kommando übernehmen wollte. Mackintosh war gezwungen, zu feilschen und um Geld und Güter zu bitten, um seinen Teil der Expedition lebensfähig zu machen. Der Geldmangel behinderte auch die Operation zur Rettung der Ross Sea Party, als dies 1916 nötig wurde. Shackleton kümmerte sich nach seiner Rückkehr jedoch auch um den Ausgleich der Kosten: Er verkaufte dem Daily Chronicle die Exklusivrechte am Bericht und gründete das Imperial Trans Antarctic Film Syndicate, um die Filmrechte auszunutzen.

Die Mannschaft

Es bestand kein Mangel an Freiwilligen für die Expedition; Shackleton erhielt über 5.000 Bewerbungen. Am Ende wurden die Kandidaten auf 56 Mann reduziert, 28 für jeden Zweig der Expedition. Diese Gesamtstärke von 56 schließt William Bakewell ein, der in Buenos Aires an Bord des Schiffes ging; Perce Blackborow, Bakewells Freund, der nach der Ablehnung seiner Bewerbung als blinder Passagier mitfuhr; und mehrere von der Ross Sea Party in Australien in letzter Minute getätigte Einstellungen. Nicht eingeschlossen ist Sir Daniel Gooch, der Shackleton vorübergehend als Hundeführer half und die Expedition in Südgeorgien verließ.

Als Stellvertreter wählte Shackleton Frank Wild, der mit ihm sowohl auf der Discovery- als auch der Nimrod-Expedition gewesen war. Wild war gerade von Mawsons Australasiatischer Antarktisexpedition zurückgekehrt. Der Royal-Navy-Oberbootsmann Tom Crean, ein Mitglied der Terra-Nova-Expedition, wurde zum Zweiten Offizier ernannt, während Alfred Cheetham, ein weiterer erfahrener Antarktisfahrer, als Dritter Offizier fungierte. Zwei weitere Veteranen von der Nimrod wurden für die Ross Sea Party angeheuert, Aeneas Mackintosh als Kommandant und Ernest Joyce.

Als Kapitän der Endurance wollte Shackleton John King Davis anheuern, der bei der Australasiatischen Antarktisexpedition die Aurora kommandiert hatte. Davis lehnte das Angebot ab, da das Unternehmen seines Erachtens „dem Untergang geweiht" sei. So wählte Shackleton Frank Worsley. Die sechsköpfige wissenschaftliche Belegschaft, die die Endurance begleitete, umfasste zwei Ärzte, Alexander Macklin und James McIlroy, den Geologen James Wordie, den Biologen Robert Clark, den Physiker Reginald James und den Meteorologen Leonard Hussey, der später Shackletons Expeditionsbericht South herausgeben würde. Der Fotograf Frank Hurley und der Maler George Marston sollten dafür sorgen, dass die Expedition visuell aufgezeichnet würde.

Die endgültige Mannschaft der Ross Sea Party wurde übereilt zusammengestellt – einige Mitglieder, die von Großbritannien nach Australien gereist waren, um an Bord der Aurora zu gehen, kündigten vor dem Aufbruch wegen der Geldprobleme. Nur Mackintosh und Joyce hatten vorhergehende antarktische Erfahrung, die im Fall des Ersteren sehr beschränkt war – Mackintosh hatte auf der Nimrod-Expedition bei einem Unfall ein Auge verloren und war bereits im Januar 1909 heimgekehrt.

Die vielzitierte Anzeige ...

(Men wanted for hazardous journey. Small wages. Bitter cold. Long months of complete darkness. Constant danger. Safe return doubtful. Honour and recognition in case of success; „Männer für gefährliche Fahrt gesucht. Geringe Heuer. Bittere Kälte. Lange Monate der absoluten Dunkelheit. Ständige

Gefahr. Sichere Rückkehr zweifelhaft. Ehre und Anerkennung im Erfolgsfall") ...

... ist höchstwahrscheinlich unecht. Eine Website schrieb einen Preis von 100 US-$ für denjenigen aus, der die originale Anzeige finden kann; bisher wurde kein Gewinner gefunden. Der Text ist heute in der öffentlichen Meinung dennoch als mit Shackleton verbunden bekannt.

Vom ungastlichen Eis umklammert

Die Endurance verließ Plymouth am 8. August 1914 und machte zunächst einen Zwischenhalt in Buenos Aires, wo Hurley an Bord kam und William Bakewell und der blinde Passagier Perce Blackborow zur Mannschaft stießen. Einige von Worsley während der Anfahrt erwähnte Mannschaftsmitglieder verschwinden dagegen nach diesem Stopp aus dem Logbuch. Vermutlich heuerten sie in Argentinien ab. Nach einem letzten einmonatigen Aufenthalt in Grytviken, Südgeorgien, brach die Endurance am 5. Dezember in Richtung Antarktis auf. Zwei Tage später traf sie zu Shackletons Beunruhigung bereits bei 57° 26′ S auf Drifteis, was das Schiff zu Ausweichmanövern zwang. Während der nächsten Tage gab es weitere Probleme mit dem Eis, das am 14. Dezember dick genug war, um das Schiff für 24 Stunden festzuhalten. Drei Tage später wurde das Schiff erneut eingeschlossen. Shackleton kommentierte: „Ich war auf üble Bedingungen im Weddell-Meer vorbereitet gewesen, hatte aber gehofft, das Drifteis würde locker sein. Auf was wir trafen, war ein ziemlich dichter Gürtel von einem sehr hinderlichen Charakter.“

Die Weiterfahrt war von weiteren Verzögerungen geprägt, bis sich am 22. Dezember Fahrrinnen öffneten und die Endurance stetig nach Süden fahren konnte. In den

150

nächsten zwei Wochen konnte das Schiff ungehindert tief ins Weddell-Meer vordringen. Während der ersten Tage des Jahres 1915 verlangsamten weitere Verzögerungen das Vorankommen, doch eine Periode guter Fahrt während des 7. und des 10. Januars brachte die Endurance nahe an die Küste von Coats Land. Am 15. Januar gelangte das Schiff vor einen großen Gletscher, dessen Rand eine Bucht bildete, die nach einem exzellenten Landungsplatz aussah. So weit nördlich der Vahsel-Bucht zu landen kam jedoch nicht in Frage, „es sei denn, unter dem Druck der Notwendigkeit" – eine Entscheidung, die Shackleton später bereute. Am 17. Januar erreichte die Expedition 76° 27′ S, wo Land entdeckt wurde, das Shackleton nach seinem Hauptgönner Caird-Küste nannte. Schlechtes Wetter zwang ihn, im Windschatten eines gestrandeten Eisbergs Schutz zu suchen.

Die Endurance befand sich nun in der Nähe von Prinzregent-Luitpold-Land, an dessen südlichem Ende ihr Bestimmungsort lag, die Vahsel-Bucht. Am nächsten Tag musste das Schiff 23 km nach Westen ausweichen und fuhr auf einem südlichen und dann kurz nordwestlichen Kurs weiter, bevor es völlig zum Stillstand kam. Die exakte Position war 76° 34′ S und 31° 30′ W. Es wurde bald klar, dass die Endurance nun im Eis festsaß, und nach zehn passiven Tagen wurden die Feuer des Schiffes mit Asche belegt, um Treibstoff zu sparen. Die Anstrengungen, die Endurance zu befreien, gingen weiter; am 14. Februar schickte Shackleton Männer mit Eismeißeln, Ahlen, Sägen und Hacken aufs Eis, um eine Durchfahrt freizumachen, doch die Anstrengungen blieben vergeblich. Shackleton verlor nicht alle Hoffnungen, freizukommen, zog jetzt aber auch die „Möglichkeit, einen Winter in den ungastlichen Armen des Eises verbringen zu müssen" in Betracht.

Abb. 27: Arbeiten, um die Endurance frei zu bekommen.

Am 21. Februar erreichte die Endurance im Griff des Packeises ihre südlichste Breite, 76° 58′ S, und begann sich dann mit dem Eis in Richtung Norden zu bewegen. Shackleton wurde klar, dass man vor dem Frühling nicht mehr freikommen würde, und befahl am 24. Februar, die Schiffsroutine aufzugeben. Die Hunde wurden von Bord gebracht und in Eiszwingern oder dogloos (eine Wortbildung aus dog für Hund und Iglu) einquartiert, während die Schiffseinrichtung in passende Winterquartiere für die verschiedenen Gruppen von Männern – Offiziere, Wissenschaftler, Maschinisten und Matrosen – umfunktioniert wurde. Das Funkgerät wurde in Gang gebracht, doch die Lage der Endurance war zu abgelegen, um Signale zu empfangen oder abzugeben.

Shackleton war sich des Beispiels von Wilhelm Filchners Schiff, der Deutschland, bewusst, die drei Jahre früher in der gleichen Gegend vom Eis eingeschlossen worden war. Nachdem Filchners Versuche gescheitert waren, eine Basis an der Vahsel-Bucht einzurichten, setzte sich sein Schiff am 6. März 1912 etwa 320 Kilometer vor der Küste von Coatsland im Eis fest. Sechs Monate später kam das Schiff bei 63° 37' frei und segelte anscheinend ohne Probleme nach Südgeorgien. Eine ähnliche Erfahrung könnte es der Endurance ermöglichen, im nächsten antarktischen Frühling einen erneuten Versuch zu starten, die Vahsel-Bucht zu erreichen.

Im Februar und März war die Treibgeschwindigkeit sehr gering. Ende März rechnete Shackleton aus, das Schiff habe seit dem 19. Januar lediglich 155 Kilometer zurückgelegt. Als jedoch der Winter einsetzte, nahm auch die Geschwindigkeit der Drift zu und der Zustand des umliegenden Eises veränderte sich. Das Eis „stapelt sich und treibt gegen die Eismassen", berichtete Shackleton am 14. April – wenn die Endurance in diese Bewegungen geriete, „würde sie wie eine Eischale zerdrückt." Im Mai, als die Sonne für den Winter unterging, befand sich das Schiff bei 75° 23' S, 42° 14' W und trieb noch immer ungefähr gegen Norden. Es würde mindestens vier Monate dauern, bis sich mit dem Frühling das Eis öffnen könnte, und es war nicht ausgeschlossen, dass die Endurance nicht rechtzeitig freikommen könnte, um einen zweiten Anlauf zur Vahsel-Bucht zu unternehmen. Shackleton erwog nun die Möglichkeit, einen alternativen Landungsort an der Westküste der Weddellsee zu finden, falls ein solcher Punkt erreicht werden könnte. „In der Zwischenzeit", schrieb er, „müssen wir warten."

Die dunklen Wintermonate Mai, Juni und Juli gingen ohne große Ereignisse vorüber. Shackletons wichtigste Aufgabe bestand darin, Fitness, Training und Moral der Männer aufrechtzuerhalten, was ihm laut Berichten sehr gut gelang; Fußballspiele und Hunderennen fanden statt und abends wurde Laientheater dargeboten. Die ersten Anzeichen eines Aufbruchs des Eises traten am 22. Juli auf, und am 1. August brachen während eines Sturms aus südwestlicher Richtung die Eisschollen um die Endurance herum auf, die sich zu diesem Zeitpunkt bei 72°26′S, 48°10′W befand. Der Druck drängte Eismassen unter den Kiel und verursachte schwere Schlagseite nach Steuerbord. Diese Position war gefährlich; Shackleton schrieb: „Die Wirkung des Drucks um uns herum war ehrfurchtgebietend. Mächtige Eisblöcke [...] stiegen langsam hoch, bis sie wie zwischen Daumen und Zeigefinger geklemmte Kirschkerne wegflogen [...] wenn das Schiff einmal fest in den Griff des Eises geriete, wäre sein Schicksal besiegelt." Diese Gefahr ging vorüber, und die folgenden Wochen verliefen ruhig. Anfang September begann das Eis jedoch wieder heftig zu drücken und presste daraufhin periodisch weiter. Am 30. September geriet das Schiff in „den schlimmsten Druck, den wir bis dahin erlebt hatten", als es „wie ein Federball ein Dutzend Mal hin- und zurückgeworfen wurde." Shackleton hatte Worsley zuvor davon unterrichtet, dass er

154

Abb. 28: Von der Shackleton-Südpol-Expedition 1914. Die Endurance mit zerbrochenen Masten, von Eisblöcken zermalmt, kurz vorm Sinken.

es für gleich wahrscheinlich halte, dass die Endurance zerstört würde, wie dass sie aus dem Eis freikäme.

Obwohl die Endurance bewiesen hatte, dass sie der Belastung standhalten konnte, war ihre Zwickmühle nun schlimmer als je zuvor. Als ihre Steuerbordseite am 24. Oktober gegen eine große Eisscholle gedrückt wurde, stieg der Eisdruck auf der Seite des Schiffes, bis die Bordwand sich zu biegen und zu splittern begann; darauf begann Wasser, welches unterhalb des Eises war, ins Schiff zu laufen. Drei Rettungsboote und die Vorräte wurden aufs Eis gebracht, während die Crew versuchte, die Schiffswand abzustützen und das hereinlaufende Wasser abzupumpen. Am 27. Oktober 1915 war Shackleton bei Temperaturen von -25 Grad Celsius jedoch gezwungen, das Schiff zu evakuieren. Die Position zu diesem Zeitpunkt wurde mit 69° 05′ S, 51° 30′ W bestimmt. Das Wrack blieb über Wasser, und während der folgenden Wochen konnte die Crew weitere Vorräte und Materialien retten, darunter auch Hurleys Fotografien und Kameras, die zunächst zurückgelassen worden waren. Von etwa 550 Tafeln wählte Hurley die besten 150 und zerschlug den Rest.

Mit dem Verlust des Schiffes musste Shackleton alle Gedanken an seine transkontinentale Reise aufgeben, und der Fokus der Expedition wechselte schlagartig auf das Überleben. Um dies zu erreichen, wollte Shackleton mit der Mannschaft entweder nach Snow Hill Island ziehen, der Basis von Otto Nordenskjölds schwedischer Expedition von 1901–03, wo man Notvorräte finden könnte, oder zur Paulet-Insel, wo, wie Shackleton wusste, ein umfangreiches Nahrungsdepot existierte, welches er 12 Jahre zuvor selbst angelegt hatte, oder aber zur Robertson-Insel. Shackleton glaubte, dass sie von jeder dieser Inseln Grahamland durchqueren und die Walfangbasen in der Wilhelmi-

Abb. 29: Frank Hurley und Ernest Shackleton. Nach dem Verlust der Endurance, das Lager auf dem Eis.

na-Bucht erreichen könnten. Die Distanz von ihrer Strandungsposition nach Snow Hill Island berechnete Worsley auf 520 Kilometer, bis zur Wilhelmina-Bucht müsste man weitere 195 Kilometer zurücklegen. Mitzunehmen wären Nahrung, Treibstoff, Überlebensgerät und drei schwere Rettungsboote.

Der Marsch begann am 30. Oktober, doch bald traten Probleme auf. Der Zustand des Packeises machte das Vorankommen beinahe unmöglich. Mit der Verstärkung des horizontalen Drucks hatte sich das Eis verzogen und erhob sich in großen Kämmen, die oft über drei Meter hoch waren. Bei dieser Oberfläche kam die Mannschaft in zwei Tagen nur um 3,2 Kilometer voran. Am 1. November brach Shackleton den Marsch ab und beschloss gemeinsam mit Wild und Worsley, zu lagern und auf den Aufbruch des Eises zu warten. Sie gaben der flachen und solide aussehenden Scholle, auf der ihr Marsch geendet hatte, den Namen Ocean Camp und schlugen ihr Lager auf. Das Wrack der Endurance, das noch immer in der Nähe im Eis steckte, wurde weiterhin von kleinen Gruppen der Männer besucht. Man konnte noch weitere zurückgelassene Vorräte bergen, bis das Schiff am 21. November 1915 schließlich unter das Eis rutschte. Die exakten Koordinaten hat Shackleton nicht aufgezeichnet. Karten legen nahe, dass das Schiff direkt südlich des 67. Breitengrades sank, etwa 160 Kilometer von dem Ort entfernt, an dem die Crew es 25 Tage zuvor verlassen hatte.

Die Geschwindigkeit der Drift hatte sich ab dem 1. November erhöht und betrug am 7. gleichmäßige 5 Kilometer pro Tag. Bis zum 5. Dezember hatten die Männer den 68. Breitengrad passiert, doch die Treibrichtung drehte jetzt langsam gen Nordnordost. Dies würde sie zu einer Position bringen, von der aus es schwer oder unmöglich sein würde, Snow Hill Island zu erreichen. Nordöstlich lag jedoch die Paulet-Insel, die nun zum Ziel Shackletons wurde. Die Paulet-Insel war etwa 400 Kilometer entfernt, und Shackleton war es wichtig, die Dauer der Fahrt in den Rettungsbooten zu verkürzen, die nötig sein würde, um sie zu erreichen.

Deshalb kündigte er am 21. Dezember einen zweiten Marsch an, der am 23. Dezember beginnen sollte.

Die Bedingungen hatten sich jedoch seit dem ersten Versuch nicht verbessert. Die Temperaturen waren gestiegen und es war unangenehm warm; die Männer sanken bis zu ihren Knien in den weichen Schnee, als sie die Boote durch die Druckkämme schleppten. Am 27. Dezember rebellierte der Schiffszimmermann Harry McNish (oder McNeish – es besteht kein Konsens über die korrekte Schreibweise) und weigerte sich, weiterzuarbeiten. Er argumentierte damit, dass die Schiffssatzung seit dem Untergang der Endurance keine Gültigkeit mehr besitze und er nicht länger Befehlen Folge leisten müsse. Shackletons sichere Opposition stimmte den Zimmermann schließlich um, doch der Vorfall blieb unvergessen. Später trug McNish das Seine zur Rettung der Mannschaft bei; dennoch war er eines der vier Crewmitglieder, denen auf Shackletons Empfehlung hin die Polarmedaille verwehrt wurde, die anderen drei waren William Stephenson, Ernest Holness und John Vincent. Zwei Tage darauf, nachdem an sieben harten Tagen nicht mehr als zwölf Kilometer Fortschritt verzeichnet werden konnte, gab Shackleton den Versuch auf und beobachtete: „Wir bräuchten über 300 Tage, um das Land zu erreichen." Die Männer stellten ihre Zelte auf und richteten sich im sogenannten Patience Camp ein, das für über drei Monate ihr Heim bleiben sollte.

Langsam wurden die Vorräte knapp. Hurley und Macklin wurden zurück zum Ocean Camp geschickt, um Nahrung zu holen, die dort gelassen worden war, um die Schlitten zu erleichtern. Am 2. Februar 1916 schickte Shackleton eine größere Gruppe zurück, um das dritte Rettungsboot zu erlangen, das ebenfalls zurückgelassen worden war. Die Nahrungsknappheit wurde mit den vergehenden Wochen

akut, und Robbenfleisch, das zuvor Abwechslung in die Ernährung der Männer gebracht hatte, wurde zum Grundnah-
rungsmittel, weil Shackleton versuchte, die verbleibenden
abgepackten Rationen aufzubewahren. Im Januar wurden
alle Hundeteams (die durch Unfälle und Krankheit in den
vergangenen Monaten ohnehin schon dezimiert waren) außer zweien auf Shackletons Anweisung hin erschossen,
weil der Verbrauch an Robbenfleisch zu hoch war. Die
letzten beiden Teams wurden vor allem am Leben gelassen,
da sie für Fahrten über das Eis noch von Nutzen waren. Die
beiden letzten Teams wurden am 2. April erschossen; zu
diesem Zeitpunkt war ihr Fleisch eine willkommene Abwechslung in den Rationen. In der Zwischenzeit war die
Drift launisch geworden; nachdem die Männer mehrere
Wochen lang auf 67° Süd festgehalten worden waren, gab
es Ende Januar eine Reihe von schnellen nordöstlichen Bewegungen, die Patience Camp bis zum 17. März auf die
Breite der Paulet-Insel brachten. Die Insel war allerdings
über 90 Kilometer weit im Osten. „Es hätten auch 900 sein
können", hielt Shackleton fest, „bei der Chance, die wir
hatten, sie über das unzusammenhängende Eis zu erreichen."

Frustrierenderweise war ständig Land in Sicht. Der Gipfel des Mount Haddington auf der James-Ross-Insel blieb
sichtbar, als man langsam vorbeitrieb. Weil Snow Hill und
die Paulet-Insel jetzt keine Alternativen mehr waren, wie
Shackleton schrieb, waren jetzt alle Hoffnungen auf die übrigen zwei kleinen Inseln am Nordrand von Grahamland
gerichtet: Clarence Island und Elephant Island, etwa 160
Kilometer nördlich ihrer Position vom 25. März. Shackleton hatte die Idee, dass Deception Island ein besserer Ziel-
ort sein könnte. Die Insel lag weit im Westen, in Richtung
des Endes der Kette, die die Südlichen Shetlandinseln bil-

det, doch Shackleton dachte, man könne sie vielleicht durch Inselspringen erreichen. Der Vorteil war, dass Deception Island manchmal von Walfängern besucht wurde und mit Vorräten ausgestattet sein könnte. Alle diese Ziele würden eine gefährliche Reise mit den Rettungsbooten verlangen, nachdem das Eis, auf dem sie drifteten, schließlich zusammenbräche. Vor dieser Reise wurden die Rettungsboote alle nach einem der wichtigsten Sponsoren der Expedition benannt: James Caird, Dudley Docker und Stancomb Wills.

Gefährliche Rettungsbootfahrt nach Elephant Island

Das Ende von Patience Camp kam am Abend des 8. April, als die Eisscholle auf einmal zerbrach. Das Lager befand sich nun auf einem kleinen dreieckigen Eisfloß, dessen Auseinanderbrechen eine Katastrophe bedeutet hätte, weshalb Shackleton die Rettungsboote für den erzwungenen Aufbruch der Mannschaft bereit machen ließ. Er hatte nun beschlossen, dass sie nach Möglichkeit versuchen würden, Deception Island zu erreichen – dort gab es angeblich eine kleine Holzkirche, die für die Walfänger errichtet worden war. Das Holz dieser Kirche würde es ihnen ermöglichen, ein seetüchtiges Boot zu bauen. Um 13 Uhr am 9. April wurde die Dudley Docker zu Wasser gelassen, und eine Stunde später waren alle drei Boote aufgebrochen. Shackleton selbst befehligte die James Caird, Worsley die Dudley Docker und Navigationsoffizier Hubert Hudson nominell die Stancomb Wills, obwohl Tom Crean wegen Hudsons labilem Geisteszustand der eigentliche Kommandant war.

Die nächsten Tage waren sehr schwierig. Die Boote befanden sich immer noch im Packeis und waren von sich öffnenden und schließenden Wasserstraßen abhängig – das Vorankommen war gefährlich und unberechenbar. Die Boote wurden häufig an Eisschollen gebunden oder auf sie hinaufgezogen, während die Männer lagerten und auf eine Besserung der Bedingungen warteten. Shackleton schwankte erneut zwischen mehreren möglichen Zielen, um sich schließlich am 12. April gegen die verschiedenen Inseln und für die Hope Bay an der Spitze von Grahamland zu entscheiden. Die Bedingungen in den Booten, wo die Temperaturen manchmal −30 °C betrugen, wenig Nahrung verfügbar war und man regelmäßig von eisigem Seewasser durchnässt wurde, zermürbten die Männer sowohl psychisch als auch physisch. Shackleton entschied deshalb, dass Elephant Island, die nächstmögliche Zuflucht, nun die einzige praktikable Möglichkeit sei.

Am 14. April lagen die Boote vor der südöstlichen Küste der Insel, doch eine Landung kam nicht in Frage, da diese Küste aus steilen Klippen und Gletschern bestand. Am nächsten Tag umrundete die James Caird das östliche Kap der Insel, um die nördliche, windabgewandte Küste zu erreichen, und entdeckte schließlich einen schmalen Kiesstrand, an dem Shackleton zu landen beschloss. Bald darauf trafen sich alle drei Boote, die in der vergangenen Nacht durch hohen Seegang getrennt worden waren, am Landeplatz. Es dauerte jedoch nicht lange, bis Flutmarken klarmachten, dass diese Bucht nicht dauerhaft als Lagerplatz dienen könnte. Am nächsten Tag brachen Wild und einige Männer mit der Stancomb Wills auf, um an der Küste einen besseren Landeplatz zu finden. Sie kehrten mit Neuigkeiten von einem langen Landstreifen elf Kilometer im Westen zurück, der wie ein möglicher Landeplatz wirkte. Unverzüglich kehrten die Männer auf ihre Boote zurück und fuhren zu diesem neuen Ort, den sie später Point Wild tauften.

Verzweifelter Aufbruch nach Süd-Georgien

Elephant Island war abgelegen, unbewohnt und wurde, falls überhaupt, nur selten von Walfängern oder anderen Schiffen aufgesucht. Um die Männer in die Zivilisation zurückzubringen, musste Hilfe herbeigeholt werden. Der einzige realistische Weg, dies zu erreichen, war, eines der Beiboote für die fast 1500 Kilometer weite Fahrt über den Südlichen Ozean nach Südgeorgien umzubauen. Shackleton hatte den Gedanken an eine Fahrt nach Deception Island aufgegeben, vermutlich, da der Zustand seiner Männer es verbot, sie weiter den rauen Meeresbedingungen auszusetzen. Feuerland und die Falklandinseln waren näher als Südgeorgien, hätten aber vorherrschend Gegenwind bedeutet.

Shackleton wählte die Gruppe aus, die die Überfahrt nach Südgeorgien versuchen sollte: er selbst, Worsley als Navigator, Crean, McNish, John Vincent und Timothy McCarthy. Auf Shackletons Anweisung hin begann McNish sofort damit, die James Caird umzubauen, wobei er Werkzeuge und Materialien teilweise improvisieren musste. Frank Wild wurde als Leiter der auf Elephant Island zurückbleibenden Gruppe ausgewählt und sollte im nächsten Frühling nach Deception Island aufbrechen, sollte Shackleton nicht zurückkehren. Shackleton nahm Vorräte für vier Wochen auf, da er wusste, dass sie sich verirrt haben würden, wenn sie am Ende dieser Rationen kein Land erreicht hätten.

Die 6,85 Meter lange James Caird wurde am 24. April 1916 zu Wasser gelassen. Für die folgende Fahrt hing alles

Abb. 30: Aufbruch mit der James Caird vom Ufer der Elefanteninsel.

von der absolut exakten Navigation Worsleys ab, die auf Beobachtungen basierten, die unter den ungeeignetsten Bedingungen gemacht werden mussten. Der vorherrschende Wind kam hilfreicherweise aus Nordwesten, doch die aufgewühlte See durchnässte bald alles an Bord mit eisigem Wasser. Bald hatte sich Eis dick am Boot festgesetzt, was die Fahrt verlangsamte. Am 5. Mai brachte ein Nordweststurm beinahe die Zerstörung des Bootes mit sich. Shackleton hatte angeblich in seinen sechsundzwanzig Jahren auf See noch nie so große Wellen gesehen wie bei diesem Sturm.

Nach einer zweiwöchigen Überfahrt, die die Mannschaftsmitglieder an ihre körperlichen Grenzen geführt hatte, kam schließlich am 8. Mai Südgeorgien in Sicht. Zwei Tage später landete die erschöpfte Mannschaft nach einem Kampf mit schwerem Seegang und hurrikanartigen Winden in der King Haakon Bay.

Abb. 31: Panorama des Inneren von Südgeorgien.

Nach der Ankunft der James Caird in der King Haakon Bay waren zunächst Rast und Erholung nötig, während Shackleton das weitere Vorgehen plante. Die bewohnten Walfangstationen Südgeorgiens befanden sich sämtlich an der Nordküste der Insel. Um sie zu erreichen, hätte man entweder mit dem Boot die Insel umfahren oder das unerforschte Innere der Insel durchqueren müssen. Der Zustand der James Caird und der körperliche Zustand der Männer, vor allem Vincents und McNishs, ließen jedoch nur die zweite Option zu.

Nach fünf Tagen fuhr die Gruppe mit dem Boot ein kleines Stück nach Osten, ans Ende einer tief eingeschnittenen Bucht, die den Startpunkt für die Querung markierte. Shackleton, Worsley und Crean würden die Querung angehen, die anderen im sogenannten Peggotty Camp bleiben, um später per Schiff abgeholt zu werden. Am 18. Mai hielt ein Sturm ihre Abreise auf, doch um 2 Uhr am folgenden Morgen war das Wetter klar und ruhig, so dass die drei Männer eine Stunde später aufbrechen konnten.

Da sie keine Karte hatten, konnten sie ihre Route nur grob abschätzen. Bis zum Morgengrauen waren sie auf 1000 Meter aufgestiegen und konnten die Nordküste sehen. Sie befanden sich oberhalb der Possession Bay, was bedeutete, dass sie zu weit im Westen waren und sich nach Osten bewegen mussten, um Stromness zu erreichen, die Walfangstation, die ihr Ziel war. Damit mussten sie zum ersten Mal bereits zurückgelegten Weg wieder zurückgehen. Das sollte noch mehrfach geschehen – was die Reise ausdehnen und die Männer frustrieren sollte. Am Ende dieses ersten Tages riskierten sie alles, als sie auf einem behelfsmäßigen Seilschlitten eine Bergflanke herabrutschten, um eine Nacht in höheren Regionen zu vermeiden. Eine Rast kam nicht in Frage – sie gingen bei Mondlicht weiter und bewegten sich aufwärts auf eine Lücke in der nächsten Bergkette zu. Früh am nächsten Morgen wusste Shackleton, dass er auf dem richtigen Weg war, da die Männer Husvik unterhalb ihrer Position sahen. Um sieben Uhr hörten sie die Dampfpfeife von der Walfangstation, „das erste von einem außenstehenden Menschen verursachte Geräusch, das unsere Ohren erreichte, seit wir Stromness Bay im Dezember 1914 verlassen hatten." Nach einem schwierigen Abstieg, der eine Kletterpartie durch einen kalten Wasserfall beinhaltete, waren sie schließlich in Sicherheit.

Shackleton, kein religiöser Mann, schrieb später: „Ich habe keinen Zweifel daran, dass die Vorsehung uns führte… Ich weiß, dass es mir während des langen und aufreibenden Marschs von 36 Stunden über die unbenannten Berge und Gletscher oft so vorkam, als wären wir zu viert und nicht zu dritt." Dieses Motiv von einem vierten Gefährten – von Worsley und Crean bestätigt – wurde von T. S. Eliot in seinem Gedicht The Waste Land aufgenommen.

Rettungsversuche

Shackletons erste Aufgabe nach der Ankunft in Stromness war es, die Abholung seiner drei Kameraden in Peggotty Camp zu organisieren. Ein Walfänger wurde mit

Worsley als Lotsen um die Küste gesandt, und am Abend des 21. Mai befanden sich alle sechs Mann von der James Caird in Sicherheit. Shackleton versuchte nun nach Elephant Island zurückzukehren, um die dort zurückgebliebenen Männer aufzunehmen. Seine ersten drei Anläufe blieben vergeblich.

Drei Tage nach seiner Ankunft in Stromness verließ Shackleton Südgeorgien, nachdem er sich The Southern Sky gesichert hatte, einen großen Walfänger, der sich in Husvik befand. Shackleton hatte eine Mannschaft aus Freiwilligen zusammengestellt, die am Morgen des 22. Mai zur Abfahrt bereit war. Als das Schiff sich Elephant Island näherte, fand Shackleton eine undurchdringliche Packeisbarriere vor, die sich etwa 110 Kilometer vor der Insel gebildet hatte. The Southern Sky war nicht als Eisbrecher gebaut und fuhr darum zurück nach Port Stanley auf den Falklandinseln.

Nach dem Eintreffen in Port Stanley informierte Shackleton London per Telegramm über seinen Verbleib und bat, ein passendes Schiff für die Rettungsoperation nach Süden zu schicken. Er wurde von der Admiralität informiert, dass vor Oktober kein Schiff bereit sein würde, was für Shackleton zu spät war. Mit der Hilfe des britischen Gesandten in Montevideo gelang es Shackleton, sich von der Regierung Uruguays einen stabilen Fischdampfer zu leihen, die Instituto de Pesca No. 1, die am 10. Juni Richtung Süden aufbrach. Wieder kam das Packeis zwischen das Schiff und die Insel.

Auf der Suche nach einem weiteren Schiff reisten Shackleton, Worsley und Crean nach Punta Arenas in Chile, wo sie auf Allan MacDonald trafen, den britischen Eigner des Schoners Emma. MacDonald rüstete dieses Schiff für einen weiteren Rettungsversuch aus, der am 12. Juli anlief, jedoch wieder vom Packeis vereitelt wurde. Shackleton benannte später einen Gletscher am Brunt-Schelfeis im Weddellmeer nach MacDonald.

*

Nachdem Shackleton 24. April 1916 mit der James Caird aufgebrochen war, übernahm Frank Wild das Kommando über die Gruppe auf Elephant Island, deren Mitglieder sich teilweise in einem physisch oder psychisch schlechten Zustand befanden: Lewis Rickinson hatte vermutlich einen Herzinfarkt erlitten; Blackborow konnte wegen Erfrierungen nicht laufen; Hudson litt an Depressionen. Die Zehen an Blackborows linkem Fuß wurden brandig und mussten am 15. Juni von den Ärzten Macklin und James McIlroy bei Kerzenlicht amputiert werden. Das dringendste Bedürfnis der Männer war ein permanenter Schutz gegen den sich schnell nähernden Winter. Auf den Vorschlag von Marston und Lionel Greenstreet hin wurde eine Hütte improvisiert, indem die zwei Boote umgedreht und auf niedrigen Steinmauern so platziert wurden, dass sie einen Schutzraum mit etwa anderthalb Meter Stehhöhe bildeten. Mit Leinwand und anderen Materialien wurde das Bauwerk bedingt wetterfest abgedichtet. Laut Wild war es ein grober, aber effektiver Schutz.

Niemand wusste, wie lange sie auf die Rettung würden warten müssen. Wild schätzte die Zeit anfangs überoptimistisch auf ungefähr einen Monat und verbot die Anlage von längerfristigen Pinguin- und Robbenfleischvorräten, da dies in seinen Augen defätistisch gewesen wäre. Er tat, was er konnte, um Routinen und Aktivitäten einzuführen und aufrechtzuerhalten, die die Eintönigkeit auflockern würden.

Abb. 32: Die auf Elephant Island zurückgelassenen Männer. Hintere Reihe, von links: Greenstreet, McIlroy, Marston, Wordie, James, Holness, Hudson, Stephenson, McLeod, Clark, Orde-Lees, Kerr, Macklin. Zweite Reihe, von links: Green, Wild, How, Cheetham, Hussey, Bakewell. Vorne: Rickinson. Hurley und Blackborow fehlen auf dem Foto, denn Hurley machte das Foto und Blackborow lag in der Hütte, nachdem seine Zehen amputiert worden waren.

Ein Ausguck wurde eingerichtet, Koch- und Haushaltsdienstpläne wurden eingeführt, und es gab Jagdtouren auf Robben und Pinguine. Samstags wurden Konzerte mit einem Banjo abgehalten, auch Geburtstage wurden gefeiert, doch nichts konnte wirklich von der Mutlosigkeit ablenken, als die Monate vergingen und keine Spur von einem Schiff zu sehen war.

Bis zum 23. August war Wilds Strategie gegen Vorratslagerung gescheitert. Die umgebende See war von Packeis überzogen, das jedes Rettungsschiff aufhalten würde. Zudem wurde die Nahrung knapp, und keine Pinguine kamen mehr an Land. Orde-Lees schrieb: „Wir werden denjenigen essen müssen, der als erster stirbt … viele wahre Worte werden im Scherz gesagt.“

*

Abb. 33: Einfahrt der Yelcho mit den Geretteten in den Hafen von Punta Arenas.

Erst der vierte Rettungsversuch Shackletons führte zum Erfolg. Mitte August bat er die chilenische Regierung, ihm die Yelcho zu leihen, einen kleinen, stabilen Dampfer, der der Emma beim vorhergehenden Rettungsversuch geholfen hatte. Die Regierung stimmte zu, und am 25. August 1916 brach die Yelcho nach Elephant Island auf. Diesmal hatte man mehr Glück – das Meer war offen, und das Schiff konnte in dichtem Nebel nahe an die Insel heranfahren.

Unterdessen hatte Wild auf Elephant Island schon ernsthaft erwogen, eine Bootsfahrt nach Deception Island zu wagen. Er plante, am 5. Oktober aufzubrechen, in der Hoffnung, einem Walfänger zu begegnen. Doch mit der Ankunft des Rettungsschiffes ging die Zeit auf Elephant Island plötzlich zu Ende. Um 11.40 Uhr am Morgen des 30. August hob sich der Nebel, das Lager wurde gesichtet, und innerhalb einer Stunde waren alle Männer von Elephant Island sicher an Bord. Daraufhin brach die Yelcho wieder nach Punta Arenas auf.

*

Das „Ross Sea Party"-Unternehmen, auf der anderen Seite des sechsten Erdteils, war von Anfang an vom Unglück verfolgt. Die Aurora verließ Hobart am 24. Dezember 1914, nachdem sie durch finanzielle und organisatorische Probleme in Australien aufgehalten worden war. Ihre Ankunft im McMurdo-Sund am 15. Januar 1915 kam später in der Saison als geplant, doch der Kommandant der Gruppe, Aeneas Mackintosh, machte sofort Pläne für die Depotanlagefahrt auf dem Ross-Schelfeis, da er sich noch immer im Glauben befand, Shackleton könnte während dieser ersten Saison eine Überquerung vom Weddellmeer aus versuchen. Wie weiter oben angegeben hatte er die gegenteiligen Instruktionen von Shackleton nicht erhalten. Weder die Männer noch die Hunde waren ans Klima angepasst, und die Gruppe war, was die Bedingungen anging, sehr unerfahren – von der Gruppe waren nur Mackintosh und Ernest Joyce bereits in der Antarktis gewesen. Diese erste übereilte Fahrt resultierte im Verlust von zehn der achtzehn Hunde der Gruppe, einem einzigen unvollständigen Depot und Männern, die an Erfrierungen litten und demoralisiert waren.

Im Mai, als die Aurora beim Hauptquartier am Kap Evans lag, wurde sie während eines Sturms auf See getrieben und konnte nicht zurückfahren, da sie in einer Eisscholle festsaß. Sie trieb bis zum 12. Februar 1916 im Eis und legte eine Distanz von fast 2600 Kilometern zurück, bevor sie freikam und nach Neuseeland zurückkehren konnte. An Bord war der größere Teil Treibstoff, Lebensmittel, Kleidung und Ausrüstung der Landgruppe, obwohl die Schlittenrationen für das Depot bereits angelandet worden waren. Um mit ihrer Mission fortzufahren, musste die Gruppe sich aus den Überbleibseln früherer Expeditionen selbst verpflegen und ausrüsten, besonders von Robert Falcon Scotts Terra-Nova-Expedition. Dank der Improvisationen der Männer begann die Depotanlage der zweiten Saison nach Plan im September 1915.

In den folgenden Monaten wurden die nötigen Depots über das Ross-Schelfeis bis zum Beardmore-Gletscher mit Intervallen von einem Breitengrad angelegt. Auf dem Rückweg erkrankte die gesamte Gruppe an Skorbut. Während des harten Rückzugs zur Basis kollabierte und starb Arnold Spencer-Smith, der Kaplan und Fotograf der Expedition. Die übrigen Männer erreichten den vorläufigen Schutz der Hütte am Hut Point und erholten sich dort. Am 8. Mai 1916 beschlossen Mackintosh und Hayward, über das instabile Meereis nach Kap Evans zu gehen, gerieten in einen Blizzard und wurden nie wieder gesehen. Die sieben Überlebenden mussten noch acht Monate lang warten, bis die in Neuseeland überholte Aurora am 10. Januar 1917 ankam und sie in die Zivilisation zurückbrachte.

Shackleton begleitete die Aurora als überzähliger Offizier, nachdem ihm das Kommando von den Regierungen Neuseelands, Australiens und Großbritanniens versagt worden war, die die Rettung gemeinsam organisierten. Er nahm also an der Rettung der Mitglieder beider Teile seiner Expedition teil, doch seine lockere Haltung den ursprünglichen organisatorischen Abmachungen für die Ross Sea Party gegenüber wurde gegen ihn ausgelegt. Trotz des chaotischen Beginns, des Wirrwarrs, des katastrophalen Verlusts der Aurora und der drei Toten war die Ross Sea Party der einzige Teil der gesamten Expedition, der seine originale Mission erfüllte, auch wenn der Fehlschlag der

172

Weddell-Meer-Gruppe bedeutete, dass es vergeblich geschehen war.

Rückkehr

Die gerettete Gruppe, die 1914 den letzten Kontakt mit der Zivilisation gehabt hatte, wusste nichts über den Verlauf des Ersten Weltkrieges. Die Neuigkeiten von Shackletons sicherer Ankunft auf den Falklandinseln ließen die Kriegsnachrichten in den britischen Zeitungen am 2. Juni 1916 für kurze Zeit in den Hintergrund treten. Die Männer kamen während einer kritischen Phase des Krieges einzeln zurück und erhielten nicht die normalen Ehren und die Aufmerksamkeit der Öffentlichkeit. Als Shackleton selbst am 29. Mai 1917 nach einer kurzen Lesereise in Amerika nach England zurückkehrte, wurde seine Ankunft kaum wahrgenommen.

Die meisten Mitglieder der Expedition kamen zurück, um sofort aktiven Militär- oder Marinedienst aufzunehmen. Vor Kriegsende waren zwei Männer (Tim McCarthy und Alfred Cheetham) im Kampf gefallen, und Ernest Wild von der Ross Sea Party war während seines Dienstes im Mittelmeer an Typhus gestorben. Mehrere weitere wurden schwer verletzt, und viele wurden für ihren Mut ausgezeichnet. Nach einer Propagandamission in Buenos Aires diente Shackleton in den letzten Wochen des Krieges als Major der Armee in Murmansk. Dieser Sonderauftrag nahm ihn bis März 1919 in Anspruch.

IX. Richard Byrds Riesenflug zum Südpol

Hubert Wilkins und Leutnant Eilsen erkunden das Grahamland / Byrd auf der Ross-Platte, er entdeckt Marie-Byrd-Land, Rockefeller- und Edsel-Ford-Berge / Flug zum Südpol / Douglas Mawson und Riiser Larsen erkunden die Küste im australischen und afrikanischen Quadranten

Im Waffenlärm des ersten Weltkriegs schweigen nicht nur die Musen, auch die wissenschaftliche Forschung liegt brach, soweit sie nicht im Kriegsdienst steht. E i n e Kunst war in diesen Jahren mächtig gefördert worden, die des Fliegens. Das Flugzeug, vor dem ersten Weltkrieg noch fast als Spielzeug oder als Beförderungsmittel für Lebensmüde betrachtet, hatte nun eine Zuverlässigkeit erreicht, mit der es auch den Gefahren der arktischen Forschung zu trotzen vermochte. Wie immer wandte sich der Versuch zunächst dem nordpolaren Gebiet zu, wo sich der Schweizer Mittelholzer, der Norweger Riiser Larsen mit Amundsen an Bord, die Amerikaner Byrd und Floyd Bennett und nicht zuletzt der in Australien geborene George Hubert Wilkins mit seinem Riesenflug von Point Barrow nach Spitzbergen unvergänglichen Ruhm erwarben.

W i l k i n s ist ein erprobter Polarforscher, er hatte eine gründliche Lehre im Norden unter dem bekannten Vilhjalmur Stefansson genossen, ehe er sich in das nicht minder gefährliche Gebiet der Antarktis wagte. Auf Copes kurzem Forscherzug nach dem Grahamland war er der zweite im Kommando. Er hatte dabei erkannt, dass dieses dem Feuerland seltsam ähnlich geformte Horn der Antarktis mit seinen steilen Fels- abstürzen und Gletschern zu Fuß nicht zu erforschen sei. Im Jahre 1928 konnte er mit den Vorbereitungen zum Überflug beginnen, nachdem der bekannte Zei-

Abb. 34: Aus großer Höhe fotografierte Treibeisschollen, die bis zu 6 m breit und ebenso dick sind.

tungsverleger Hearst und die American Geographical Society die Bürg- und Patenschaft des Unternehmens angetreten hatten.

Zwei Wasserflugzeuge wurden auf der Deception-Insel ausgeladen. Der erste Flug in der Antarktis mit beiden Maschinen am 16. November 1928 war ganz kurz, am 26. folgte ein mehrstündiger, nachdem sie den Umbau des Fahrgestells auf Räder und die Anlage einer Startbahn vorgenommen hatten. Am 20. Dezember war das Wetter günstig. Mit Proviant für 14 Tage stiegen Wilkins und der Pilot Eilsen mit der schwer beladenen Maschine um 8 Uhr 20 auf.

Es ist natürlich müßig, die verhältnismäßige Gefahr der nord- und südpolaren Forschung, der Landfahrt und des Fluges einschätzen zu wollen. Im Kampf mit dem Packeis, auf dem Marsch über spaltenzerfurchte Gletscher, wie beim Kreisen über unbewohntem Land und unbefahrenem, wildem Meer ist der Forscher jede Stunde in Gefahr. Aber beim Flug stellt sich Erfolg oder Misserfolg, Glück oder Unglück viel rascher ein als bei der See- und Landfahrt. Der Flieger setzt sein Leben auf die drei Hauptfaktoren des glatten Abkommens, des unbehinderten Flugs und der glücklichen Landung. Ob das gut oder schlecht geht, darüber entscheiden beim Auf und Ab wenige Sekunden, beim Flug einige Stunden oder höchstens Tage, während sich das Schicksal eines Unternehmens mit den alten Beförderungsmitteln über ebenso viele Monate und Jahre hinzieht. Die genaue wissenschaftliche Erkundung von Luft, Land, Eis und Wasser, also alle die langwierigen Arbeiten der Meeres-,Erd-, Wetter- und Windkunde, der Biologie, des Magnetismus, der Tier- und Pflanzenkunde können nur vom Schiff aus oder im Standquartier auf Land oder Eis geleistet werden. Dagegen ist das Flugzeug eine wunderbare Aufklärungsmaschine über schwer gangbarem Gelände. Was früher überhaupt nicht oder nur durch monatelange Schlittenreisen einigermaßen erkundet werden konnte, nehmen die Filmstreifen der gefilmten Landaufnahmen bei e i n e m Flug als unanfechtbaren, dauernden Wissenszuwachs mit geradezu unheimlicher Schärfe auf. Selbst ohne Zuhilfenahme des Lichtbildes verschafft sich der Flieger in wenigen Stunden einen Überblick über Bergzüge und Tälergewirr, in die der Schlittenreisende trotz ungeheurem Zeit- und Kraftaufwand nur au wenigen Stellen einzudringen vermag. Aus 3000 m Höhe überblicken wir 125.000 qkm, fast die doppelte Landfläche Bayerns, während der an der Erde klebende Mensch in der Ebene nur etwa 200 qkm überblickt.

So gelang es Wilkins in nicht ganz zehnstündigem Flug über Grahamland festzustellen, dass dieses gewaltige Landhorn aus zwei großen und einer Anzahl kleinerer Inseln besteht und durch die allerdings meist vereiste Wilkins-Stefansson-Straße vom Festland getrennt ist. Zum ersten mal sah ein Mensch in die tief einschneidenden, engen Fjorde hinein und überblickte aus einer Höhe von 2500 m die Inselwelt der Westküste. Die Höhe der senkrecht abfallenden Randklippen der Hauptinseln, die so lange jede Erkundung der inneren Hochflächen abgewehrt hatten, schätzten sie auf 1000 m. Es ist der Gesamteindruck einer Bergwelt, die der feuerländischen an Großartigkeit mindestens gleichkommt. Der Blick in die Tiefe ist schauerlich für den Flieger, der sich der Launen seiner Maschine bewusst ist. Ein Stäubchen im Vergaser, eine Notlandung in diesen Schroffen, und das jähe Ende ist da. Aber die beiden landeten trotz Sturm und Nebel glücklich wieder auf der Deception-Insel.

Seine weiteren Forschungen, bei denen er den Dampfer „William Scoresby" als Flugzeugmutterschiff benützte, führten Wilkins im Dezember 1929 über die Charcot-, Wandel- und Petermann-Insel zur Leroux-Bucht und dem Richthofen-Tal. Er musste sich damit begnügen, den Inselcharakter von Grahamland aufgeklärt, mehrere 100.000 Quadratkilometer eines unzugänglichen Gebiets kartographisch ausgenommen und im Hearst-Land ein neues Stück des Erdteils entdeckt zu haben. Anfang Februar 1930 musste er die Flugtätigkeit einstellen. Eis- und Wetterverhältnisse verhinderten den geplanten Besuch bei Byrd auf der Ross-Platte nach Überfliegen der Antarktis. Dennoch sind diese erdkundlichen Leistungen die wichtigsten seit Shackleton mit seiner Entdeckung des Beardmore-Gletschers und der großen zentralen Hochfläche.

Richard Evelyn B y r d , neben Lindbergh und Floyd Bennett der bekannteste Flieger der Vereinigten Staaten, der unbestrittene Nordpolbezwinger, unternahm es im Jahre 1928, die amerikanische Öffentlichkeit zu einem großen

Flugunternehmen in der Antarktis aufzurütteln. Trotz der damals scheinbar noch glänzenden wirtschaftlichen Lage seines Vaterlands gelang es ihm nicht leicht. In seinem Buch „Flieger über dem sechsten Erdteil" erzählt er sehr offen und treuherzig vom mühsamen Aufbau seines Unternehmens. Forschungsreisen sind kein Geschäft. Man stürzt sich in Schulden, ruiniert seine Gesundheit, kommt leicht ums Leben und noch viel leichter um seinen guten Ruf. Denn die öffentliche Anteilnahme ist grausam. Wenn es anders geht, als es die Menge in ihrer Unkenntnis der Schwierigkeiten erwartet, so wird sie leicht bösartig und lässt kein gutes Haar an dem, der sie enttäuscht hat. Nur der wirklich Kundige weiß, wie nahe Niederlage, Sieg und Tod beieinander wohnen.

Als Byrd am 2. Oktober 1928 mit einem Kopf voll Sorgen zur Einschiffung nach Kalifornien fuhr, grinsten ihn im Bahnabteil vom Sitz gegenüber die Schlagzeilen einer Zeitung an: „Millionen-Dollar-Expedition. Hat glänzende Ausrüstung. Die kostspieligste aller Zeiten." Er weiß, was das bedeutet, was zwischen diesen Zeilen steht, er kennt seine Landsleute und ihren fanatischen Glauben an die Allmacht des Geldes. Die denken jetzt: Dieser Byrd ist doch ein smarter Junge, nun gondelt er zu seinem Vergnügen mit einer Bande abenteuerlustiger Burschen da hinunter, er lässt sich irgendwo ein komfortables Winterkurhotel aufstellen, fliegt dann so ein bisschen in der Gegend herum, natürlich auch mal zum Südpol, dann holt man ihn wieder ab, und er scheffelt die Dollars. „O ja", denkt der schweigsame Fahrgast, „alle mir bekannten Polarforscher waren ganz oder nahezu bankrott, und ich bin jetzt gerade noch neben dem Offenbarungseid vorbei gerutscht." Polarforschen ist nicht billig. Niemand vermietet ein Schiff, ohne das Risiko zu veranschlagen, also muss man solche nach dem Südpol kaufen. Scott hat auf jeder seiner beiden großen Reisen über 1,5 Millionen gebraucht, Shackleton auf seiner zweiten 1,6 Millionen. Sie hatten keine Flugzeuge, und die Kaufkraft des Geldes ist seitdem bös gesunken. Byrd muss allein für die Fliegermannschaften 140.000 Mark Gehalt ansetzen. Es ist kein Staatsunternehmen, er ist allein verantwortlich, aber besser, in Amerika abgewürgt werden, als dass er sich wegen schlechter Ausrüstung Menschenleben aufs Gewissen lädt. Flugzeuge, Funkgeräte, Hunde, Kleider, Proviant, alles das muss erstklassig sein — sonst lieber die Finger weg davon. Im Frühjahr 1928 hat er die Kosten auf 3 Millionen Mark geschätzt, im September stellt der Geschäftsführer Railey einen Fehlbetrag von 1,2 Millionen fest. Dabei sind die beiden Schiffe „City of New York" und „Eleanor Bolling" recht betagte Kästen, sie haben mit dem Innenausbau 660.000 und 500.000 Mark gekostet. Neue würden das Dreifache gekostet habe". Eine mächtige Zeitungsgruppe rüstet zum Angriff wegen sinnloser Verschwendung. Nur zu, auch darauf kommt's nicht mehr an. Byrd hat es doch geschafft. Am Tage der Einschiffung erreicht ihn die Drahtnachricht, dass noch einer der Industriekapitäne den Beutel weit aufgetan hat. Mit nur einer halben Million Schulden dampft er ab.

Die „City", ein richtiges Eisschiff und entsprechend langsam, ist vorausgefahren, die „Bölling" folgte, die 94 Hunde hat ein großer, rascher Walfänger mitgenommen. Es geht über den Äquator, und die nordischen Hunde leiden schwer unter der Hitze. Zuletzt kommen Byrd mit den Flugzeugen, der Fliegermannschaft und dem Flugbedarf auf dem „C. A. Larsen", einem mächtigen 17.000-Tonner, Tranküche und Walfangmutterschiff, das im Ross-Meer fischen will. Der Treffpunkt ist zunächst Dunedin auf Neuseeland. Die Sache klappt, am 26. November „schlurft"

Abb. 35: Ein dreimotoriger Ford-Ganzmetall-Eindecker.

endlich die „City" nach dreimonatiger Reise in den Hafen von Dunedin herein. Die „Bölling" ist schon da. Das Umladen beginnt. In die kleinen Schiffe gehen die entsetzlich großen Kisten mit den Tragwerken der Flugzeuge kaum hinein. Das größte Flugzeug ist ein dreimotoriger Ford-Ganzmetall-Eindecker, 21 m Spannweite, 72 qm Flügelfläche, Motorenkraft zusammen 1000 PS, Durchschnittsgeschwindigkeit 180 Kilometer, Tragfähigkeit etwa 3500 kg bei einem Gesamtgewicht von 6500 kg. Ein richtiger Bulle, aber er soll den Südpol überfliegen, und da geht Sicherheit über alles andere. In Erinnerung an seinen alten Flugkameraden hat Byrd ihn „Floyd Bennett" getauft. Einen Cyclone-Motor unter der Nase und je einen Whirlwind-Motor unter den Flügeln verkörpert er Kraft und Zuverlässigkeit. Der nächste ist ein Fokker-Universal-Eindecker mit einem Wasp-Motor von 425 PS, 68 qm Flügelfläche, der dritte ein Fairchild mit zurücklegbaren Flügeln, 30 qm Flügelfläche, aber gleichfalls mit einem 425-PS-Wasp.

Die Fahrt der „City" geht im ganzen leidlich. Sie trifft den großen „Larsen", der am nördlichen Rand des Packei-

180

ses fischt und sie durch dieses ins Ross-Meer schleppt. Byrd sieht sich dann zuerst die Discovery-Bucht bei der Ross-Insel an, findet sie aber für seine Zwecke ungeeignet. In Amundsens altem Hafen, der Walfischbucht, schafft er seine gewaltige Ausrüstung von 13.300 Zentnern aus der „City" und der „Bölling" aufs Eis. Er baut sein Hauptlager Kleinamerika in gefährlicher Nähe der Barrenkante auf, noch näher, als es Amundsen gewagt hatte. Diese Lasten können nicht weit geschleppt werden. Ein Rechenkünstler stellt fest, dass ihre Verbringung so schon einen Gesamtschlittenweg von 20.000 km bedingte. Hundert Hunde tun ihr Bestes, auch der Raupenschlepper arbeitet leidlich. Es ist die übliche Schinderei und Hasterei, durch Grippe, Stürme, ansegelnde Eisberge und nahe Kalbungen nicht er-

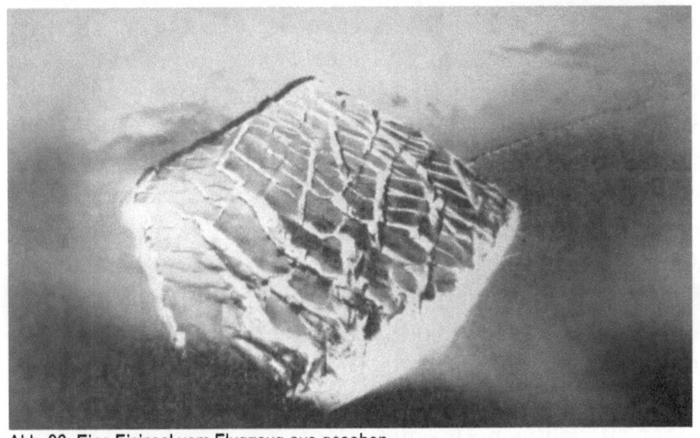

Abb. 36: Eine Eisinsel vom Flugzeug aus gesehen

leichtert. Einmal kalbt die Barre an der Ausladestelle. Es ist nur ein kleines Kälbchen, dennoch droht der Untergang. Die „City" scheint zu kentern, Eismassen stürzen aufs Verdeck der „Bölling", sie legt sich so weit nach Steuerbord über, dass der Kiel sichtbar wird. Aber die beiden Schiffe haben aneinander festgemacht, die Taue halten, sie richten sich wieder auf. Ein Mann baumelt an einem Seil des Bremsbergs, ein anderer, der nicht schwimmen kann, hält sich an einem Eisbrocken über Wasser. Sie werden beide gerettet. Das Ausladen wird glücklich beendigt. Am 2. Februar kann die empfindlichere „Bölling" nach Neuseeland entlassen werden, am 21. die „City". Es ist höchste Zeit, ihre Fahrt gestaltet sich schon recht dramatisch. Ihre Funksprüche sind kurz und vielsagend.

Das Dörfchen Kleinamerika beherbergt 42 Mann — Gelehrte, Flieger, Fotografen, Funker und Handwerker. Einer der nützlichsten Dorfgenossen ist der Zimmermann Gould, der ans Abfallholz und Kistenbrettern Paläste zaubert. Messe, Verwaltungshaus, Norwegerhaus, Funkbude, Ställe, Schuppen, Beobachtungshäuschen sind emporgewachsen, nicht zu nahe beieinander wegen der Feuergefahr. Später wird alles eingeschneit und die Höhlenbewohner müssen sich in einem Labyrinth von Tunneln zurechtfinden. Schwere Robben — 250 Stück — wandern in den Kühlschrank; die Intendantur macht sich auch sonst bemerkbar, indem sie Sparsamkeit mit den Leckereien durchsetzt. Drei Funktürme vermitteln die Verbindung mit Neuseeland und Amerika, natürlich auch mit den vom Lager ausstrahlenden Flugzeugen und Schlittenabteilungen. Sie hören den großen Börsenkrach in New York, und einer von ihnen, der viele Aktien hat, funkt seinem Bevollmächtigten krampfhaft weisen Rat. Diese Funker entwickelten sich in der Polarnacht zu richtigen Hexenmeistern. Sie sprachen mit dem „Graf Zeppelin" auf seinem Flug um die Erde, mit den Russen auf Franz-Joseph-Land, mit einer amerikanischen Expedition in Grönland. Die „New York Times", deren Berichterstatter Russell Owen in Kleinamerika hauste, empfing von ihnen zwei Millionen Wörter. Außerdem haben

182

sie in ihrem Fach sehr ansehnliche wissenschaftliche Arbeit geleistet.

Mehrere Versuchsflüge werden noch während des Ausladens gemacht, zunächst mit dem leichteren Fairchild, der als sehr gut befunden wird. Am 27. Januar darf er Byrd, den Piloten Balchen und den Funker June weit nach Osten tragen über das König Eduard VII.-Land. In etwa 1000 m Höhe fliegend, sehen sie in jeder Stunde 10.000 qkm neues Land. Sie entdecken ein Mittelgebirge, besten höhere Spitzen sie auf 600 m schätzen und nennen es nach dem ersten Gönner ihres Unternehmens John D. Rockefeller dem Jüngeren. Besonders verdiente Fahrtteilnehmer werden durch Benennung der Spitzen beehrt. Chips (Span) Gould, der Zimmermann, kriegt auch seinen Berg.

Ein Flug mit dem Fairchild und dem Fokker am 18. Februar bestätigte und ergänzte diese Entdeckungen. Nun lässt sich der zweite im Kommando, der Geologe Professor Dr. Lawrence M. Gould, genannt „Larry, der Steinklopfer", auch nicht mehr halten. Diese Berge müssen richtig untersucht werden. Am 7. März darf er mit Balchen und June auf dem Fokker hoch; zwei Stunden später meldet er glückliche Landung am Fuß der Berges Chips Gould. Am 11. März funkt er baldige Rückkehr, muss aber gleich darauf die Mitteilung wegen eingebrochenen Schneesturms zurücknehmen. Auch in Kleinamerika bläst es tagelang tüchtig. Am 15. keine Nachricht von Gould, auch der 16. und 17. bleibt stumm. Am 19. klart es auf, der Wettermacher Haines erlaubt den Flug, und Byrd will selbst nach den Verschollenen sehen. Er findet sie wohlauf, aber der Fokker hat ausgelitten. Der Blizzard hat ihn aus den Verankerungen gerissen und 800 m weiter auf das Eis niederkrachen lassen. Mit zwei glücklichen Flügen am 19. und 22. März schafft der Fairchild alle Beteiligten nach Kleinamerika. Mit dem Fliegen ist es bis auf weiteres aus, der Winter hat begonnen.

Wissenschaftliche und praktische Arbeit, Hundepflege, bunte Bühne und Kino mit sehr freien Bemerkungen aus dem Publikum, später sogar Rundfunksendungen aus Amerika und Australien und viel Ulk helfen im Kampf mit der langen Wartezeit. Draußen, über der Höhlenstadt und um diese ist es ebenso schön wie kalt. Die wolkenlosen Nächte überwiegen weit, und in ihnen strahlt das Südlicht rosig, rot, veilchenblau, grün und gelb in nie zu beschreibender Pracht „mit Leuchtgluten, Vorhängen, Bögen, Flammenkränzen, Wimpeln und welligen Faltenwürfen". Es bezaubert den Schönheitsempfänglichen, sodass er sich aus dem Wohlleben der gemäßigten Zone immer nach der Gefahr und Schönheit der Eisregionen sehnen muss. Die Tafeln des Wettermachers verzeichneten 144 Tage mit 40, 62 Tage mit 45, 33 Tage mit 51 und 3 Tage mit 56,7 Grad Kälte. In den Schneestürmen wurden Thermometerschwankungen bis zu 36° gemessen. Bei etwa 50° gefriert der Atem mit einem Geräusch, „wie wenn der Wind über körnigen Schnee streicht". Mit gegenseitiger Aufmerksamkeit und sanftem Reiben zerteilt man die Frostpusteln an der Nase und den Wangen; wenn man dies zu lange mit der bloßen Hand macht, zwicken die abfrierenden Finger. Die richtige Bekleidung, besonders der Füße, ist eine Wissenschaft und das ganze Leben ein Kunststück. Aber sie bringen es fertig, sogar das Entwickeln und Trocknen der endlosen Filmstreifen ihrer Landaufnahmen, obwohl sich hier die Schwierigkeiten phantastisch steigern. MacKinley und seine Jünger arbeiten in der Dunkelkammer nackt bis zum Gürtel, während ihnen in der kalten Tiefe die Füße fast abfrieren. Von den Gelehrten wird zweimal wöchentlich Kolleg gelesen ohne Bescheinigungszwang. Wer lieber Jazz-

184

platten hört und sonst ein braver Mensch ist, wird darum nicht verachtet.

Natürlich steht der Flug zum Pol im Mittelpunkt ihrer Gedanken und Beratungen. Vorräte und Ausrüstung auf zwei Monate für den Fall einer Notlandung, Schlitten, Funkerei, Vermessungs- und Kinokammer-Geräte und vier Männer — wie sie auch rechnen, es reicht nicht zur Mitnahme des nötigen Benzins für die 2600 km Hin- und Rückflug. Es ist schon fraglich, ob man mit der unumgänglichen Ladung über die Randhöhe von 3200 m kommt. An der Grenze der Ross-Platte mit dem großen Randgletscher muss auf jeden Fall Benzin zum Rückflug niedergelegt werden. Nicht weniger Kopfzerbrechen macht die Schlittenreise des Dr. Gould zur geologischen Erforschung der Königin Maudberge, des Carmenlandes und der noch namenlosen Hochflächen, die Amundsen zwischen dem 81. und 82. Breitengrad sah. Es sind 2080 km Schlittenweg von 6 Mann und 34 Hunden, was 8 vorgetriebene Proviantlager bedingte. Den leitenden Männern schwirrt der Kopf von Zahlen, auf ihren Schreibtischen häufen sich Zettel und Tabellen zu erschreckenden Bergen. Alle weisen Antarktiker sind sich darüber klar, dass das Heldentum immer da anfängt, wo die Voraussicht mangelhaft war. Man muss nicht absichtlich den Helden spielen wollen; dank der Unvollkommenheit der menschlichen Denkausrüstung kommt das schon ganz von selbst. In ganz Kleinamerika ist außer dem 68jährigen Bekleidungskünstler Martin Ronne, einem Norweger und Veteranen der Amundsen-Fahrten, kein einziger mit arktischer Erfahrung. Wenn das Byrd-Unternehmen trotzdem ohne größere Unfälle ablief, so wird damit der Anpassungsfähigkeit dieser amerikanischen Anführer und ihrer Mannschaft ein glänzendes Zeugnis ausgestellt.

Am 22. August kam die Sonne wieder, von einigen Schwärmern schon zwei Tage vorher von der Spitze der Funktürme begrüßt. Aber die wärmende Kraft des himmlischen Lichtspenders ließ noch gut zwei Monate lang viel zu wünschen übrig. Das Einfahren der Junghunde, das Ausschaufeln und genaue Nachsehen der Flugzeuge und die Vorbereitungen für die große Schlittenreise der geologischen Abteilung gaben Arbeit genug. Nach einigen Probefahrten brachen die „Steinklopfer", 6 Mann mit 5 Hundeschlitten am 4. November endgültig auf. Ihre Funksprüche meldeten bald ihren Kampf mit üblen Spalten, später ging's besser, und es ist erstaunlich, wie schnell diese Neulinge in der edlen Kunst des Hundefahrens ihre Lehrlings- und Gesellenzeit hinter sich brachten und zur Meisterschaft vorrückten.

Ein ausgiebiger Flug mit dem Floyd Bennett am 18. November brachte sie über die mühsam sich abrackernde Schlittenabteilung hinweg ans Ende der Ross-Platte, wo sie am Fuß der Nansen-Vorberge das nötige Benzin für den Rückflug vom Pol in einer ebenen Schneelache aufstapelten. Eine solche Zwischenlandung mit schwerbeladenem Flugzeug ist eine heikle Sache, besonders auch wegen der trügerischen Sicht dicht über der blendend weißen Fläche. Aber Dean Smith, der Pilot, hat den erforderlichen sechsten Sinn für glückliche Landungen. Er tastet sich an die Schneefläche heran, der Ford knackt, aber er bricht nicht, die langen, breiten Schneekufen bewähren sich prächtig. Sie häufen Benzinkanister und Lebensmittelsäcke zu einem hohen Berg und machen, dass sie weiterkommen. Wie Byrd und McKinley gerade am schönsten Entdecken jenseits der schon bekannten Teile des Maud-Gebirges sind, meldet der zweite Pilot June tiefe Ebbe in den Benzinbehältern. In schnurgerader Flucht nach der Heimat kommen

186

sie dieser auf 160 km nahe und müssen dann hinunter. Der zur Hilfe herbei gefunkte Fairchild bringt ihnen 400 Liter Benzin. So werden sie wieder flott und kommen heim.

Am 28. November 1929 war endlich der große Tag da. Der Wettermacher verkündigte beste Aussichten, auch die Geologen funken „Gut Wetter in den Bergen". Jetzt oder nie! „Kein Vollblut vor dem Rennen ward je besser gepflegt als der Floyd Bennett vor dem Südpolflug." Motoren und Funkzeug, Sextanten und Uhren werden ein letztes Mal genau nachgesehen, jedes Stück wird vor dem Verstauen nachgewogen. Byrd nimmt eine Flagge mit, die mit einem Stein von Floyd Bennetts Grab beschwert ist. Er will dem Freund, mit dem er am 9. Mai 1926 den Nordpol überflog, am Südpol ein Ehrenmal weihen. Er selbst hat dem zum einstweiligen Oberbefehlshaber in Kleinamerika ernannten Haines versiegelte Anweisungen hinterlassen für den Fall, dass sie innerhalb einer gewissen Zeit nicht zurückkehren. Balchen sitzt am Steuer, June ist sein Ersatzmann, außerdem Funker und Benzinwart. McKinley nimmt die fortlaufenden Messbilder auf. In seiner Arbeit liegt der Hauptzweck des Polflugs: ein Kartenstreif vom Meer zum Südpol. Byrd ist der Pfadfinder und Kapitän.

Ein letzter Händedruck, der 6500 kg schwere Floyd Bennett läuft an und hebt sich leicht. Es ist 15,29 Greenwich Zeit. Vorne bei der Maschine ist's schön warm, aber hinten schneidet die kalte Luft. Vom Kartentisch im Heck läuft eine Förderschnur nach vorn, sie schafft die Befehlszettel des Kapitäns zum Steuermann. Bei dem Schraubengebrüll ist's nichts mit dem Reden. Goldenes Licht durchflutet den Raum, es ist ein herrlicher Tag. Über der einförmigen Ross-Platte ist nicht viel zu sehen, ihre Gedanken eilen voraus zum „Buckel", zum mindestens 3200 m hohen Randgebirge der inneren Hochfläche. „Wird es drüber weg-

Abb. 37: Der Liv-Gletscher

reichen?" ist die bange Frage. Um 20,15 sehen sie das Forscherlager und werfen den Geologen Post, Zigaretten und Lichtbilder ab. Zwei schwarze Pünktchen krabbeln über den Schnee. Sie wippen ihnen einen Gruß, dann geht's mit Vollgas auf den „Buckel" los und hinauf – 900 – 1000 – 1200 – 1400 m, der Ford klettert gut. Byrd hat sich für den Liv-Gletscher als Pass entschieden. Ist er sehr eng? Kann man darin wenden? Wird ein Fallwind auf das Flugzeug herunterstürzen, wenn es gerade wehrlos an der Grenze seines Hubvermögens schwebt? Was auch kommen mag, sie werden es bald erfahren. June macht gefechtsklar, er reißt die letzten Blechkannen auf und schüttet den Brennstoff in den Hauptbehälter. Der Benzindunst beißt in den Augen und dreht ihnen schier den Magen um. Ihr Verbrauch war bisher 240 Liter in der Stunde, es reicht trotz Gegenwind, dank einem im letzten Augenblick zugeladenen Notvorrat. Die Motoren ziehen prachtvoll. Links steht die Nansengruppe, rechts der Fisherberg. Der Gletscher unter ihnen mündet in die Ross-Platte wie ein Fluss ins Meer. Von den

188

Steilhängen des Fisherbergs prallen Böen ab und schütteln das Flugzeug tüchtig durch, die Flügel zittern, aber McKinley orgelt ruhig weiter, er ist für die Aufnahme da, die andern fürs andere.

Auf 2900 in will es nicht mehr höher. Sie stecken zwischen den Bergflanken, es reicht nicht über den Pass, sie brauchen mehr Auftrieb, das heißt, sie müssen leichter werden. June lässt sein Funkzeug und legt die Hand an den Hauptauslass: Wenn er drückt, rauscht ein Wasserfall von Benzin hinunter. Aber dann lebe wohl, Südpol! Das wollen alle vier nicht. Balchen fuchtelt mit der Hand und brüllt: „Hundert Kilo über Bord!" Benzin oder Nahrung? Südpol oder Rückversicherung? McKinley hat schon vorher einen Proviantsack zur Falltüre geschleift. June wirft die 57 Kilogramm hinunter. Das Flugzeug bezeigt seine Dankbarkeit. Aber nun haut ein Fallwind herunter wie mit Faustschlägen. Noch sind sie kaum so hoch wie der Pass. „Noch ein Sack." Sie sehen ihn auf dem Gletscher platzen. Aber nun springt das Flugzeug 100 m höher. Mit 150 m Zwischenraum überfliegen sie das Joch und bohren sich siegreich durch die Schlucht ins Freie des Polplateaus. Gewonnen! Die 500 km zum Pol sind mehr Formsache. Sie frühstücken gefrorenes Butterbrot, trinken Kaffee aus der Wärmflasche und denken an Scott und Shackleton. Eine Stunde Flug schafft soviel wie eine Woche Schlittenreise, wenn diese gut geht. Um 1 Uhr 14 Minuten sind sie über dem Pol, 9 Stunden 45 Minuten nach dem Abflug. Sie fliegen noch ein bisschen hin und her, um das Ende der Erdachse sicher einzukreisen. Floyd Bennetts Ehrenflagge sinkt hinunter über der Stelle, wo Amundsen am 14. Dezember 1911 stand und Scott 34 Tage später. Dann geht's heim. June hat Balchen abgelöst, der meint, es liege Sturm in der Luft, und sie sehen Gewölk aufziehen. Aber der Ford mit Rückenwind ist schneller als der Sturm. Im Gebirge soll er sie jedenfalls nicht erwischen. Das Flugzeug ist leichter geworden, sie finden in 3600 m eine steife Förderbrise und brausen mit 200 Stundenkilometern nordwärts. Byrd erkennt bald Berg um Berg nach den ausgebreiteten Bildern Amundsens und denen McKinleys vom Vorflug. Um 3 Uhr 50 „rutschen" sie durchs Liv-Tor. Mit ihrem Benzinüberschuss wollen sie sich Amundsens Carmenland nicht entgehen lassen. Aber der östliche Abstecher beweist nur, dass es kein Carmenland gibt. Auf dem Rückflug zur Benzinniederlage an der Heimatstrecke kennt sich Byrd auf einmal nicht mehr aus und betrachtet sich einige grässliche Sekunden lang als den „dümmsten Flugkapitän" auf und über Gottes Erde. Da liest er auf dem Kartenrand einen Vermerk: „Achtung! Bergansicht ändert sich schnell mit Standpunkt!" Es ist eine Lesefrucht aus Amundsen. Sie wirkt beruhigend. Er findet nun den Berg Ruth Gade, dann den Nansenberg und ortet in wenigen Minuten ihre Niederlage ein. Um 4 Uhr 47 Minuten setzt sie June sanft auf das Schneepolster. Das Hinaufbieten der Benzinkasten auf die hohen Flügel ist ziemlich ermüdend, aber um 6 Uhr sind sie schon wieder hoch. Überm Bergwall bäumen sich die Sturmrosse, das Flugzeug holen sie nicht ein. Um 10 Uhr winken schon die Funktürme, und **8** Minuten später fassen die Kufen Grund vor Kleinamerika. Trotz allerlei schwarzen Befürchtungen McKinleys kamen die Landaufnahmen dann klar und gut heraus — und das war die Hauptsache.

Am 5. Dezember folgte der sehr wichtige achtstündige O s t f l u g über den 150. Längengrad, die Ostgrenze der englischen Ansprüche an die Antarktis, ins neuentdeckte Marie-Byrd-Land bis zur stattlichen Edsel-Ford-Bergkette. Amerika hatte eine neue Provinz erobert. Die Geologen funken gute Fortschritte in den

Abb. 38: Der Axel-Heiberg-Gletscher

Maud-Bergen, wo sie bis 85° 27' vordringen und Gneis, Schiefer und Granit feststellen. Auch sie erobern Neuland jenseits des 150. Längengrads und feiern Weihnachten bei einem Steinmann, den Amundsen beim Rückmarsch vom Südpol am Bettyberg errichtet hatte. Am 19. Januar beenden sie mit einem Schlussmarsch von 50 km in Kleinamerika ihre Reise von 2400 km. Sie sind gesund, mager, drahtig und unglaublich schmutzig. Der Petroleumkocher hat sie gründlich verrußt. Sie drängen sich um den Kochherd und holen sich heißes Wasser zur langersehnten gründlichen Säuberung.

Dann gibt es noch eine schlimme Wartezeit. Die „Bölling" kann sich nicht hereinwagen, die „City" klemmt sich mit höchster Gefahr durch das unerhört widerwärtige Packeis. Erst am 18. Februar, kurz vor Torschluss, liegt sie an der Rossbarre beim Stapelplatz des Mitzunehmenden. Es muss viel zurückgelassen werden, das ganze Dorf und leider auch die Flugzeuge. Das Schiffchen wird schon voll genug mit all den Männern, Hunden, Pinguinen und der ganzen wissenschaftlichen Beute. Kleinamerika liegt öde,

McKinley holt die Fahne ein. Nur einer steht daneben zum Flaggengruß, die andern schuften wie die Teufel. Schon am nächsten Tag gibt Kapitän Melville den Befehl zum Losmachen. Die Sonne scheint, die Eisklippen leuchten, aber hinter ihnen friert die Walfischbucht schon zu. Das Packeis ist ziemlich schlimm, aber schließlich schiebt sie ein 50-km-Südwind durch. Hinter ihnen „setzt sich der Eisbrei wie Gips". Durch offenes Wasser geht es nun nach Dunedin. Byrd hofft um seiner guten Gefährten willen, dass man mit ihren Leistungen zufrieden sein wird. „Die Wissenschaft ist ein harter und karger Fronherr. Es wäre ein Jammer, wenn meinen Kampfgenossen die ihnen gebührende Anerkennung versagt bliebe." Den Zeitungen ruft er als Schlusswort zu, sie mögen nicht immer von der Eroberung des Südlandes reden. „Es ist noch nicht erobert. Wir haben nur einen Zipfel des gewaltigen Schleiers gelüftet."

*

Zn den Jahren 1929 bis 1931 lüftete der uns schon rühmlichst bekannte Antarktiker Douglas Mawson an anderer Stelle einen Zipfel des Schleiers als Anführer der Britisch-Australisch-Neuseeländischen Antarktik-Forschungsexpedition, die nicht nur den längsten aller Titel, sondern auch einen großen, trefflichen Gelehrtenstab und eine glänzende wissenschaftliche Ausstattung besaß. Die englische Regierung hatte dazu von dem um die neueste Forschung hochverdienten „Discoveryausschuss" Scotts alterprobtes Schiff gemietet. Ein Apparat für Echolotungen, ein Tiefseeschleppnetz und ein Wasserflugzeug waren an Bord. J. K. Davis war wieder als Kapitän gewonnen worden. In zwei Sommern wurde der unbekannte Küstenabschnitt zwischen Kaiser-Wilhelm-II.-Land und Coats-Land eingehend erforscht, wobei das Wasserflugzeug beste Dienste leistete. Am 14. Januar 1930 trafen sie die „Norwegia" unter Führung des Meisterfliegers Kapitän Riiser Larsen auf 47° Ost zu 66° 22' Süd. Bei einer freundschaftlichen Beratung einigten sie sich darauf, dass die Norweger westlich, die Engländer östlich vom 40. Längengrad Ost arbeiten sollten. Zwischen den beiden Regierungen wurde später der 45. Grad als Grenze festgelegt. Es würde hier zu weit führen, alle zu Schiff und im Flugzeug gemachten Neuentdeckungen und Berichtigungen anzuführen. Wenn wir heute einen großen Teil der antarktischen Küstenlinie im australischen und afrikanischen Viertel ziemlich genau kennen, so verdanken wir dies nicht zuletzt der gründlichen Arbeit dieser beiden Forscherzüge. In einer englischen Zusammenfassung des seit 1906 Geleisteten wird Sir Douglas Mawson als der erfolgreichste Antarktiker dieses Zeitabschnitts bezeichnet.

Durch die Erreichung des Südpols zu Fuß und im Flugzeug ist etwas mehr Ruhe in diesen Forschungsbetrieb gekommen, der nach der unabänderlichen Art aller Wissenschaften nur durch emsiges Zusammentragen scheinbar unansehnlicher Teilerkenntnisse allmählich ein Ganzes ergeben kann. Wer hätte vor 200 Jahren geglaubt, dass Nordasien, Alaska und Nordkanada in den Wirtschaftsbereich der Kulturvölker einbezogen würden? Die staatliche Entwicklung in der Antarktis beweist mit hinreichender Deutlichkeit, dass der vergletscherte Erdteil den großen Land- und Seemächten nicht mehr wertlos erscheint.

X. Zeittafel der Südpolarforschung

1738—39. Der französische Marineoffizier Pierre Bouvet entdeckt die Bouvet-Insel.

1771—72. Der französische Marinekapitän Joseph von Kerguelen-Tremarec findet die Kerguelen-Insel.

1772—75. James Cook umschifft die Antarktis, ohne das Festland zu sehen. Er entdeckt Süd-Georgien und die Süd-Sandwich-Inseln.

1819. Der englische Handelskapitän William Smith entdeckt die Süd-Shetland-Inseln, die Seehundjäger Pendleton, Palmer, Mortell anschließend daran den Palmer-Archipel.

1819—21. Kapitän Fabian Gottlieb von Bellingshausen ergänzt im Auftrag des Kaisers Alexander I. von Russland die Entdeckungen Cooks, umsegelt die Antarktis in ähnlichen Breiten, entdeckt Peter I. - Insel und Alexander I. - Land innerhalb des Polarkreises.

1823. Der englische Kapitän James Weddell dringt bis 74° 15' S in die Weddell-See ein.

1830. John Biscoe entdeckt Enderby-Land, die Biscoe-Inseln und Grahamland;

1833. Kemp entdeckt das östlich anschließende Kemp-Land.

1839. John Balleny entdeckt die Balleny-Inseln. Weddell, Biscoe, Kemp und Balleny arbeiteten im Auftrag der berühmten Firma Enderby, London. Ihre Absicht war die Entdeckung geeigneter Plätze für den Walfisch- und Seehundfang.

1837—40. Der französische Admiral Dumont d'Urville macht mit den Fregatten „Astrolabe" und „Zelée" eine lange Kreuzfahrt in südlichen Gewässern, entdeckt die Joinville-Inseln und Louis-Philippe-Land im amerikanischen, Adelic-Land im australischen Quadranten.

1838—40. Charles Wilkes, Leutnant der USA-Kriegsmarine, macht eine Forschungsfahrt um die Erde und entdeckt dabei Wilkes-Land.

1839—43. James Clark Ross, englischer Kapitän auf „Erebus", und Commander F. R. M. Crozier auf „Terror" dringen durchs Packeis ins offene Ross-Meer ein. Entdecken Admiralitäts-Gebirge, Ross-Insel und große Eisbarriere. Umschiffen die Antarktis und befahren das Weddell-Meer. Wichtigste Entdeckungsfahrt für die südpolare Forschung.

1874. Die englische „Challenger"-Expedition leistet gute wissenschaftliche Arbeit in hochsüdlichen Gewässern des australischen Quadranten „Challenger" ist erstes Dampfschiff in der Antarktis und steht unter dem Befehl von George Strong Nares.

1892. C. A. Larsen, Kapitän des norwegischen Seehundsfänger „Jason", dringt auf der Ostseite von Grahamland bis 68" 10' vor, entdeckt eine große Küstenstrecke und zahlreiche Inseln. Larsen gründet die für die spätere Entdeckungsgeschichte wichtige Walfangstation Grytviken auf Süd-Georgien.

1894. Kapitän Evensen aus Hamburg kommt mit der „Hertha" dem Alexander I.-Land näher als Bellingshausen.

1894—95. Im Auftrag der norwegischen Walfirma Svend Foyn erreicht Kapitän Kristensen Kap Adare. Er und Carsten Borchgrevink betreten dort als nachweisbar erste Menschen am 23. Januar 1895 das antarktische Festland.

1898—99. Der belgische Kapitän Adrien de Gerlache auf „Belgica" dringt auf der Westseite von Grahamland bis 71°30' vor. Das Schiff friert ein und treibt ein Jahr im Packeis unter schwerer Not der Besatzung. Trotzdem gute wissenschaftliche Arbeit.

1899—1900. Carsten Borchgrevink führt eine englische Expedition auf der „Southern Cross" ins Ross-Meer. Entdeckungsfahrt an der Rossbarre Erstmaliges Überwintern auf antarktischem Festland bei Kap Adare.

1901—03. Deutsche Drygalski-Expedition auf „Gauß". Kaiser-Wilhelm-Land. Gaußberg. Bedeutende wissenschaftliche Arbeit.

1901—03. Dr. Otto Nordenskjöld fährt mit der „Antarktik" unter Kapitän C. A. Larsen in die Weddell-See. Erforschung der Ostküste des Graham-Landes. Schiff erdrückt. Rettung durch argentinisches Kanonenboot.

1901—04. Commander Robert Falcon Scott überwintert mit dem Eisschiff „Discovery" mehrmals im McMurdo-Sund bei der Rosstafel Schlittenreisen. Entdeckung eines inneren Hochlandes.

1903—05 und 1908—10. Unter Dr. Jean Charcot bedeutende französische Forschungsexpeditionen mit großer wissenschaftlicher Ausbeute im amerikanischen Quadranten mit Schiff „Pourquoi pas?" Loubet-, Fallieres- und Charcot-Land entdeckt.

1907—09. Ernest Shackleton im Rossgebiet Entdeckung des Zentral-Plateaus. Vorstoß bis Polnähe.

1910—12. Roald Amundsen erreicht am 14. Dezember 1911 als erster den Südpol. Entdeckt Königin-Maud-Kette.

1910—12. Robert Falcon Scott. Große wissenschaftliche Unternehmung im Rossgebiet Erreicht den Südpol am 17. Januar 1912. Kommt auf dem Rückmarsch mit vier Begleitern um.

1910—11. Japanische Unternehmung unter Leutnant Shiraje. Schiff „Kaiman Maru". Erkundungen auf der Ross-Platte.

1911—12. Dr. Wilhelm Filchner mit „Deutschland" im Weddell-Meer. Prinzregent-Luitpold-Land, Filchner-Barricre entdeckt. Lange Eisdriftfahrt.

1911—13. Dr. Douglas Mawson. Große australische Unternehmung nach dem Adelie-Laud. Schlittenreise zum magnetischen Südpol. Leutnant Ninnis und Dr. Mertz kommen um.

1914—16. Shackleton mit Schiff „Endurance" will Antarktis von der Weddell-Küste aus überqueren. „Endurance" vom Eis erdrückt. Lange Drift auf Eisscholle.

1921—22. Shackletons letzte Reise auf dem kleinen Seehundfänger „Quest". Er stirbt bei Beginn der Reise im Hafen von Grytviken an einem Herzkrampf und wird dort begraben. Frank Wild setzt die beabsichtigte Reise ins Weddell-Gebiet fort.

1928—30. Hubert Wilkins und Leutnant Eilsen machen zahlreiche Flüge über dem Grabam-Land und stellen dessen Inseleigenschaft fest. Hearst-Land entdeckt.

1928—30. Byrd auf der Ross-Platte. Mehrere große Flüge, darunter einer nach dem Südpol. Marie-Byrd-Land, Edsel-Ford-Bergkette, Rockefeller-Berge entdeckt.

1929—31. Douglas Mawson und der Norweger Riiser Larsen erkunden auf gesonderten Expeditionen mit Schiffen und Flugzeugen große Teile der Küste im australischen und afrikanischen Quadranten.

1930—31. Der norwegische Kapitän Gunnar Isachsen umfährt mit dem Dampfer „Norwegia" die ganze Antarktis. Walfänger versehen ihn mit Kohle. Schwimmende Tranfabriken von 20.000 Tonnen und mehr mit Flugzeugen und Jagdbooten betreiben den Walfang im großen und leisten auch Erkundungsarbeit.

Textquellen und Autoren

BUCHTIPPS

Abrupte Klimaschwankungen seit 2000 Jahren

Lokale und kosmische Ursachen eines Klimawandels. Herausgeber: Sedlacek, Klaus-Dieter (Hrsg.). Innerhalb der letzten zwei Jahrtausende sind verschiedene abrupte Klimaschwankungen nachweisbar. Der fortwährende Wandel des Klimas verzeichnete allein fünf große Klimaepochen und zahlreiche ...

Anleitung zum Roman-Schreiben

Wie man anfängt, einen Plot entwickelt und eine gute Geschichte erzählt. Autor: Wilde, Oliver J. Sie wollen einen Roman schreiben? Das ist toll! Aber begnügen Sie sich nicht damit, nur einen Roman ...

Besseres Gedächtnis

Wie man es stärkt, trainiert und einsetzt. Autor: Atkinson, Wilhelm Walker. Viele Menschen scheinen zu glauben, dass Erinnerungen einfach kommen und nicht gefördert werden können. Aber der Trugschluss einer solchen Vorstellung wird ...

Der erdgeschichtliche Klimawandel

Den wahren Ursachen von Klimaschwankungen auf der Spur. Autor: Wilhelm Bölsche , Klaus-Dieter Sedlacek (Hrsg.). Der Klimazustand während der letzten Jahrhunderttausende ist im Wesentlichen auf den Einfluss von Sonneneinstrahlung zurückzuführen, die ...

Der verborgene Mechanismus des Weltgeschehens

Der verborgene Mechanismus des Weltgeschehens Neue Erkenntnisse über die Gestalten biotechnischer Systeme der Welt Autoren: Sedlacek, Klaus-Dieter; Francé, Raoul H. Seit Jahrtausenden ist die Menschheit bestrebt, die Welt, in der sie lebt, erkennen ...

Die geheimnisvolle Kultur der alten Kelten

Von Druiden, Fürstensitzen und der Lebensart unserer frühgeschichtlichen Vorfahren. Autor: Grupp, Georg Die Kelten zeichneten sich aus durch hohes handwerkliches Können, Handelsbeziehungen bis in den Süden Europas und tollkühnem Mut, der den ...

Die Kultur der Azteken

Mit einem Anhang Große Landesausstellung Baden-Württemberg „Azteken" im Lindenmuseum. Autor: Prescott, William. „Von dem ganzen ausgedehnten Reich, das einst die Herrschaft Spaniens in der Neuen Welt anerkannte, ist kein Teil an Wichtigkeit ...

Die letzten Ursachen

Das Buch der Naturerkenntnis. Hrsg.: Sedlacek, Klaus-Dieter. Die klassischen physikalischen Theorien, zum Beispiel die klassische Mechanik oder die Elektrodynamik, haben eine klare Interpretation. Den Symbolen der Theorie wie Ort, Geschwindigkeit, Kraft beziehungsweise ...

Durchblick Chemie

Praktische Grundlagen und Einführung in die anorganische, organische und Biochemie Klaus-Dieter Sedlacek, Lassar Cohn, Walther Löb Wollen Sie in unserer modernen Welt mitreden? Dann brauchen Sie den Durchblick! Dazu gehören auch Grundkenntnisse ...

Einfach logisch denken!

Oder die Gesetze des Denkens. Autor: Atkinson, Wilhelm Walker In diesem Buch werden die Methoden und Prinzipien der korrekten Anwendung des Denkvermögens aufgezeigt, und zwar auf eine einfache und klare Weise, ohne ...

Einsteins Relativitätstheorie ganz ohne Mathematik

Spezielle und allgemeine Relativitätstheorie Paul Kirchberger , Klaus-Dieter Sedlacek (Hrsg.) Man wird nicht selten gefragt, ob man eine Schrift wisse, die in die Einsteinsche Theorie für Laien so einführen könne, dass ...

Epigenetik-Experimente

Neuvererbung oder Beweise für die Vererbung erworbener Eigenschaften? Autor: Kammerer, Paul Der Biologe Paul Kammerer wurde durch seine Aufsehen erregenden Experimente zur Epigenetik berühmt. In einer seiner Versuchsserien verwendete er zwei Arten ...

Freizeitvergnügen Sternenhimmel mit bloßem Auge

Wie man Sternbilder auffindet ohne Instrumente. Autor: Kirchberger, Paul. Der Anblick des gestirnten Himmels ist das Größte, das uns die Natur zu bieten vermag, und kein empfängliches Gemüt kann sich seinem Eindruck ...

Gestalt-Psychologie

Einführung in die neue Psychologie vom Begründer der Gestaltpsychologie Kurt Koffka , Klaus-Dieter Sedlacek (Hrsg.) Kurt Koffka hat als forschender Psychologe für dieses Buch zur Einführung in die Psychologie einen besonderen ...

Im dunkelsten Afrika

Die legendäre Emin-Pascha Expedition. Autor: Stanley, Henry M. Im Sudan, der ab 1821 unter die Herrschaft der osmanischen Vizekönige von Ägypten gekommen war, brach 1881 der Mahdiaufstand aus. Nach dem Abzug der ...

Klimaänderungen und Klimaschwankungen

Ursachen, historische Fakten und kosmische Einflüsse, sowie ein Anhang „Mittelalterliche Warmzeit" Eduard Brückner, Julius Hann , Klaus-Dieter Sedlacek (Hrsg.) Größere Klimaänderung und Klimaschwankungen können nicht ohne einen tiefgehenden Einfluss auf das ...

Kultur erleben mit dem Wohnmobil in Frankreich

Vierzig kulturelle Highlights, Park- und Übernachtungsplätze sowie Navigations-Koordinaten Klaus-Dieter Sedlacek (Hrsg.) Dieser Wohnmobilführer ist anders. Er hilft uns, Kulturerlebnisse zu einem Genuss werden zu lassen. Er enthält die Beschreibung von vierzig kulturellen ...

Leben in der Warmzeit der Erde

Aus den Urtagen vor dem heutigen Klimawandel Wilhelm Bölsche , Klaus-Dieter Sedlacek (Hrsg.) Der Weltklimarat schlägt Alarm. Die Lage spitzt sich zu: Die Erde erwärmt sich immer mehr. In diesem Buch geht ...

Leonardo da Vinci

Seine naturwissenschaftlichen Studien und genialen Erfindungen Hermann Grothe , Klaus-Dieter Sedlacek (Hrsg.) Leonardo da Vinci versuchte, ein Phänomen zu verstehen, indem er es genau beobachtete und bis ins kleinste Detail beschrieb ...

Liebesbeziehungen und deren Störungen

Lebensführung nach den Grundsätzen der Individualpsychologie. Autor: Alfred Adler , Klaus-Dieter Sedlacek (Hrsg.). Um einen Menschen ganz kennenzulernen, ist es notwendig, ihn auch in seinen Liebesbeziehungen zu verstehen ... Wir müssen ...

Massenpsychologie am Beispiel Jan Bockelsons

Geschichte eines Massenwahns mit einer Einführung von Sigmund Freud Friedrich Reck-Malleczewen , Klaus-Dieter Sedlacek (Hrsg.) Der Begriff Massenhysterie oder auch Massenwahn bezeichnet eine starke emotionale Erregung in großen Menschenmengen. Auch massenhaft ...

Meine erste Weltumseglung

Tagebuch einer epochalen Expedition James Cook , Klaus-Dieter Sedlacek (Hrsg.) James Cook unternahm seine erste Weltumseglung im Rahmen einer wissenschaftlichen Expedition, um den Durchgang des Planeten Venus vor der Sonnenscheibe – ...

Mit der Beagle um die Welt

Bericht meiner Forschungsreise zum Galapagos-Archipel Charles Darwin , Klaus-Dieter Sedlacek (Hrsg.) Auszug aus Darwins Reisebericht: Ich habe die Reise mit zu tief empfundenem Entzücken gemacht, als dass ich nicht jedem Naturforscher empfehlen ...

Peking – Paris im Automobil

Die legendäre 16.000 km – Rallye 1907. Autor: Barzini, Luigi. „Gibt es jemanden, der diesen Sommer eine Fahrt per Automobil von Peking nach Paris unternehmen wird?", fragte die Pariser Zeitung Le Matin ...

The great god Pan / Der große Gott Pan – zweisprachig

Horror story English – German / Horror Geschichte Englisch – Deutsch. Autor: Machen, Arthur. The Great God Pan is a horror and fantasy novel by the Welsh writer Arthur Machen. Machen was ...

Treibhauseffekt und Klimawandel

Energiewende, ja bitte, aber nicht wegen CO2. Von Sedlacek, Klaus-Dieter (Hrsg.) Dieses Buch dokumentiert zum Thema Klimawandel und CO2 teils unbequeme wissenschaftliche Fakten bzw. Meldungen und die dazugehörigen Quellen. Sie sind eingeladen, ...

Unsterbliches Bewusstsein

Raumzeit-Phänomene, Beweise und Visionen – Taschenbuchausgabe Klaus-Dieter Sedlacek In diesem Buch geht es weder um Glauben noch um Esoterik, sondern um Beweise. Glaubwürdige, wissenschaftliche Beweise, die in eine Form gepackt sind, dass ...

Wege zur Physikalischen Erkenntnis

Meine wissenschaftliche Selbstbiographie, Reden und Vorträge Max Planck , Klaus-Dieter Sedlacek (Hrsg.) Diese erweiterte Neuauflage des Buchs „Wege zur physikalischen Erkenntnis" enthält neben der wissenschaftlichen Selbstbiographie folgende Vorträge: Die Einheit des physikalischen ...

Wie intelligent sind Pflanzen?

Sensationelle Einblicke in die geheime Seite des pflanzlichen Wesens Autoren: Wagner, Adolf; Sedlacek, Klaus-Dieter In diesem Buch behandeln die Autoren Fragen zum Thema Intelligenz und Bewusstsein bei Pflanzen und geben Antworten. Der ...

Wie man seinen Verstand benutzt

Und seine Willenskraft stärkt. Ein praktisches Handbuch der Psychologie. Autor: Atkinson, Wilhelm Walker. Der Mechanismus der psychischen Zustände – die geistige Maschinerie, mit deren Hilfe wir fühlen, denken und wollen – ...